全国高等职业学校机械类专业教材

工程力学

（第三版）

人力资源社会保障部教材办公室组织编写

U0274936

中国劳动社会保障出版社

简介

本书主要内容包括静力学基本知识、平面力系、空间力系、刚体的基本运动、材料力学基本知识、轴向拉伸和压缩、剪切和挤压、圆轴扭转、直梁弯曲、组合变形等。

本书由许佳妮任主编，李素兰、李爱玲任主审。

图书在版编目（CIP）数据

工程力学 / 人力资源社会保障部教材办公室组织编写 . -- 3 版 . -- 北京：中国劳动社会保障出版社，2022

全国高等职业学校机械类专业教材

ISBN 978-7-5167-5184-8

Ⅰ.①工… Ⅱ.①人… Ⅲ.①工程力学 – 高等职业教育 – 教材 Ⅳ.①TB12

中国版本图书馆 CIP 数据核字（2022）第 101446 号

中国劳动社会保障出版社出版发行

（北京市惠新东街 1 号　邮政编码：100029）

*

保定市中画美凯印刷有限公司印刷装订　　新华书店经销

787 毫米 ×1092 毫米　16 开本　8.5 印张　199 千字

2022 年 11 月第 3 版　　2022 年 11 月第 1 次印刷

定价：17.00 元

营销中心电话：400-606-6496

出版社网址：http：//www.class.com.cn

http：//jg.class.com.cn

版权专有　　　侵权必究

如有印装差错，请与本社联系调换：（010）81211666

我社将与版权执法机关配合，大力打击盗印、销售和使用盗版图书活动，敬请广大读者协助举报，经查实将给予举报者奖励。

举报电话：（010）64954652

前 言
PREFACE

为了更好地适应全国高等职业学校机械类专业的教学要求，全面提升教学质量，人力资源社会保障部教材办公室组织有关学校的一线教师和行业、企业专家，在充分调研企业生产和学校教学情况、广泛听取教师对教材使用反馈意见的基础上，对全国高等职业学校机械类专业教材进行了修订。

本次教材修订工作的重点主要体现在以下几个方面：

第一，合理更新教材内容。

根据机械类专业毕业生所从事岗位的实际需要和教学实际情况的变化，合理确定学生应具备的能力与知识结构，对部分教材内容及其深度、难度做了适当调整，对部分学习任务进行了优化；根据相关专业领域的最新发展，在教材中充实新知识、新技术、新设备、新材料等方面的内容，体现教材的先进性；采用最新国家技术标准，使教材更加科学和规范。

第二，精心设计教材形式。

在教材内容的呈现形式上，尽可能使用图片、实物照片和表格等形式将知识点生动地展示出来，力求让学生更直观地理解和掌握所学内容。针对不同的知识点，设计了许多贴近实际的互动栏目，在激发学生学习兴趣和自主学习积极性的同时，使教材"易教易学，易懂易用"。在教材插图的制作中采用了立体造型技术，同时部分教材在印刷工艺上采用了四色印刷，增强了教材的表现力。

第三，引入"互联网 +"技术，进一步做好教学服务工作。

在《机床夹具（第二版）》《金属切削原理与刀具（第二版）》教材中使用了增强现实（AR）技术。学生在移动终端上安装 App，扫描教材中带有 AR 图标的页面，可以对呈现的立体模型进行缩放、旋转、剖切等操作，以及观察模型的运动和拆分动画，便于更直观、细致地探究机构的内部结构和工作原理，还可以浏览相关视频、图片、文本等拓展资料。在部分教材中使用了二维码技术，针对教材中的教学重点和难点制作了动画、视频、微课等多媒体资源，学生使用移动终端扫描二维码即可在线观看相应内容。

本套教材配有习题册，另外，还配有方便教师上课使用的电子课件，电子课件和习题册答案可通过技工教育网（http://jg.class.com.cn）下载。

本次教材的修订工作得到了河北、江苏、浙江、山东、河南等省人力资源社会保障厅及有关学校的大力支持，在此我们表示诚挚的谢意。

人力资源社会保障部教材办公室

2021 年 8 月

目录
CONTENTS

静力学基本知识

任务一　认识力、力矩和力偶

学习目标

1. 掌握力、力矩和力偶的基本概念，能识别力、力矩和力偶，并进行简单的计算。
2. 了解力学模型的概念。
3. 掌握力系与平衡的概念。

任务描述

在日常生活和生产中，力是无处不在的，观察如图 1-1、图 1-2、图 1-3 所示的力对物体的作用，回答以下问题：

1. 图中各力是存在于人与物、人与人还是物与物之间？
2. 图中各物体受力有哪些不同？
3. 物体在力的作用下各产生什么样的作用效应？这些作用效应与哪些因素有关？

a)　　　　　　　　　　　　　b)

图 1-1　力的作用

图1-2　杠杆撬地球

图1-3　转向盘的握姿

相关知识

一、力的概念、作用效应和三要素

1. 力的概念

力是物体间的相互作用。

2. 力的作用效应

力对物体的作用效应根据产生的结果不同，可分为两种类型：一是外效应，它可使物体的运动状态发生改变；二是内效应，它可使物体产生变形。

静力学研究力的外效应，材料力学研究力的内效应。

3. 力的三要素

实践表明，力对物体的作用效果取决于力的三个要素：力的大小、方向和作用点。

如图1-4所示，力的三要素可用带箭头的有向线段表示。线段的长度（按一定比例画出）表示力的大小，箭头的指向表示力的方向，线段的起始点或终止点表示力的作用点。

注意：力是矢量，本书中用粗黑体字母表示矢量（例如 $\boldsymbol{F}$），用 F 表示力 $\boldsymbol{F}$ 的大小。

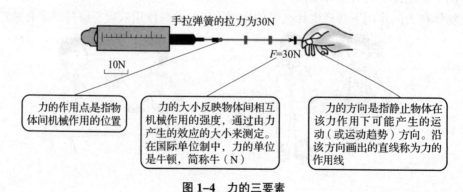

图1-4　力的三要素

二、力对点的矩（简称力矩）

当力使物体产生转动效应时，转动效应的大小和方向不仅仅取决于力的大小和方向，还与物体的转动中心到力的作用线的垂直距离（力臂）有关。

力对物体产生的转动效应即为力矩。以拧扳手为例，如图 1-5 所示，力 F 使扳手绕 O 点转动，以力 F 的大小与 L_h 的乘积 FL_h 并加以正负号，作为力 F 使物体绕 O 点转动效应的度量，称为力 F 对 O 点的矩，简称力矩，以符号 $M_O(F)$ 表示，即：

$$M_O(F) = \pm FL_h$$

式中，O 为力矩中心（简称矩心）；L_h 为力臂，即 O 点到力 F 作用线的垂直距离。

由力矩定义公式可知，力矩的大小不仅与该力的大小有关，还与物体的转动中心到力的作用线的垂直距离（力臂）有关，并且成正比关系。

当作用力为零或力的作用线通过矩心（力臂为零）时，力矩为零，物体不产生转动效应。

通常规定：在如图 1-6 所示的平面内，力使物体绕矩心 O 做逆时针方向转动或有转动趋势时，力矩为正（见图 1-6a）；力使物体绕矩心 O 做顺时针方向转动或有转动趋势时，力矩为负（见图 1-6b）。

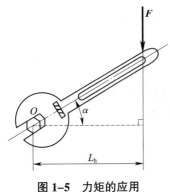

图 1-5　力矩的应用

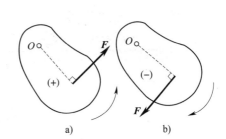

图 1-6　力矩正负号的确定

在国际单位制中，力矩的单位名称为牛［顿］米，符号为 N·m。

三、力偶

在钳工攻螺纹时，左右手各施加一个力使丝锥转动。这种作用在同一物体上，使物体产生转动效应的两个大小相等、方向相反、不在同一作用线上的平行力称为力偶，记作 (F, F')。力偶对刚体的作用效应仅仅是使其产生转动。

力偶中两力之间的垂直距离 L_d 称为力偶臂。力偶对物体的作用效果的大小，既与力 F 的大小成正比，又与力偶臂 L_d 的大小成正比，因此，可用力 F 的大小与力偶臂 L_d 的乘积来度量力偶作用的效果，这个乘积称为力偶矩，记作 $M(F, F')$ 或 M，即：

$$M = \pm FL_d$$

力偶矩的单位是 N·m。通常规定：力偶对刚体的作用效应是逆时针转动时，力偶矩为正；力偶对刚体的作用效应是顺时针转动时，力偶矩为负。

力偶的作用面是指力偶中两力作用线所决定的平面，受力偶作用的物体在此平面内转动。

力偶可以用力和力偶臂来表示，还可以用带箭头的圆弧线表示，如图 1-7 所示。

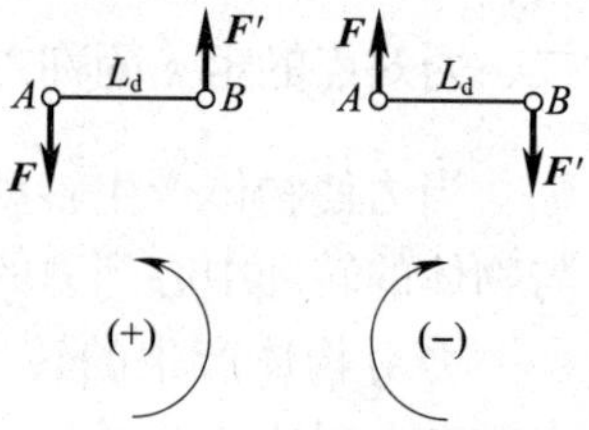

图 1-7 力偶的表示法

四、力学模型

模型是对实际物体和实际问题的合理抽象与简化。在静力学中，为了方便研究和分析问题，构建力学模型时，主要考虑以下三个方面的问题。

1. 刚体——对物体的合理抽象与简化

在力的作用下大小和形状都保持不变的物体称为刚体。实际上，任何物体在力的作用下都将产生变形，只是变形的程度不同而已。由于在工程实际中构件的变形都很小，忽略其变形不但不会对静力学研究的结果有显著影响，而且可以大大简化研究的过程，所以在解决静力学问题时，可将实际物体视为刚体，从而使问题简化。

2. 集中力和均布力——对受力的合理抽象与简化

（1）集中力

作用范围极小，以至于可认为作用在一个点上，这样的力称为集中力。如图 1-8a 所示为停在桥面上的汽车，其轮胎作用在桥面上的力可简化为如图 1-8b 所示。

在工程实际中，大部分力均可看作集中力，如切削力、重力等。

a)   b)

图 1-8 集中力

（2）均布力

均布力是指按一定规律均匀连续分布的力。如图 1-9a 所示，梁 AB 上作用一个均布载荷，q 为载荷密度，即单位长度上所受的力。设梁 AB 长为 L，则均布力的大小 Q 可以用载荷密度和分布长度的乘积表示：

$$Q=qL$$

均布力的作用点位于均布力分布长度的中点，方向与均布载荷方向一致，如图 1-9b 所示。

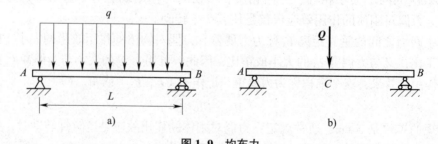

a)   b)

图 1-9 均布力

3．约束——对接触与连接方式的合理抽象与简化

约束是对构件之间的接触与连接方式的抽象与简化。我们将在后续章节中详细介绍有关约束的内容。

五、力系与平衡的概念

1．力系

力系是指作用在同一物体上两个或两个以上的力。静力学的主要内容就是研究力系的简化（合成）和平衡问题。

按照力系中各力的分布情况，力系可分为平面力系和空间力系两种。

（1）平面力系

力系中各力的作用线位于同一平面，这样的力系称为平面力系，如图1-10所示。

（2）空间力系

力系中各力的作用线不在同一平面，而是分布在空间的，这样的力系称为空间力系，如图1-11所示。

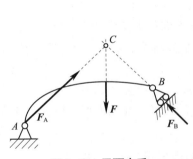

图1-10 平面力系

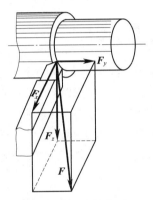

图1-11 空间力系

2．平衡

平衡是指物体相对地球保持静止或做匀速直线运动的状态。由于我们所处的地球在宇宙中不停地自转和公转，故而一切在地面上看是静止的物体，实际都随着地球的自转和公转一同运动，因此，我们所说的静止总是相对于地球而言的。如图1-12所示为生活中常见的平衡物体。

a)

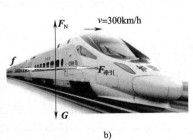

b)

图1-12 生活中常见的平衡物体

a）处于平衡状态下的桥梁 b）匀速直线运动的火车

3．平衡力系

使物体保持平衡的力系称为平衡力系。如图 1-12 所示，物体均受到力系作用而保持平衡，则作用在物体上的力系为平衡力系。

任务实施

通过学习上述知识，我们可以完成本节任务。

1．图 1-1a 中力存在于人和水桶之间，图 1-1b 中力存在于人和人之间，图 1-2 中力存在于人和杠杆、杠杆和地球之间，图 1-3 中力存在于双手和转向盘之间。

2．图 1-1 中的力都以单纯的力的形式存在，而图 1-2 中的力以力矩的形式存在，图 1-3 中的力以力偶的形式存在。

3．在图 1-1、图 1-2、图 1-3 中，力所产生的效应都属于外效应。图 1-1 中力的作用效应与力的大小、方向和作用点有关；图 1-2 中力的作用效应与力的大小、方向以及力臂有关；图 1-3 中力的作用效应与力的大小和力偶臂有关。

思考与练习

1．试用图表示出 1 000 N 的力，其方向与水平方向的夹角为 45°。

2．用一把扳手拧螺钉，沿不同方向或在不同位置施力，感受一下怎样最轻松，将此过程用力矩的概念进行描述和解释。

3．在钳工实训车间，借助台虎钳和丝锥攻螺纹，分别尝试单手攻螺纹、双手发力不均攻螺纹和双手发力一致攻螺纹，观察所攻出的螺纹的质量，并用力偶的概念对其进行解释。

任务二　静力学公理的推导和应用

学习目标

1．掌握二力平衡公理、作用力与反作用力公理、加减平衡力系公理、力的平行四边形公理这四个静力学公理的内涵。

2．能灵活运用上述四个公理。

任务描述

如图 1-13 所示，在车工实训中，常常会将一块薄料置于圆棒料工件和车刀刀尖之间，通过观察薄料的倾斜方向来判断车刀是否对准工件中心，试从力学角度对此法的原理进行分析。

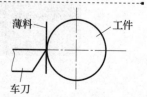

图 1-13　车刀巧对中心方法

相关知识

一、二力平衡公理

作用在刚体上的两个力，使刚体保持平衡状态的必要和充分条件：这两个力的大小相等，方向相反，且作用在同一条直线上，简述为等值、反向、共线。

在两个力作用下处于平衡状态的构件称为二力构件（或称为二力体），如图 1-14a 所示。当构件呈杆状时，则称为二力杆，如图 1-14b 所示。二力杆还可演化为多种形状，如图 1-14c 和图 1-14d 所示。

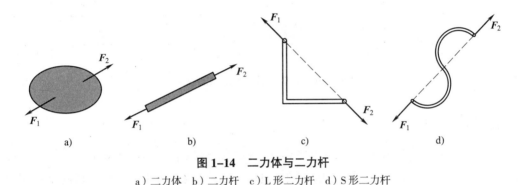

图 1-14　二力体与二力杆
a）二力体　b）二力杆　c）L形二力杆　d）S形二力杆

需要指出的是，对于非刚体的平衡，二力平衡条件只是必要的，而非充分的。

二、作用力与反作用力公理

如图 1-15 所示，灯在绳子的作用力 F' 作用下保持平衡状态，同时灯也给了绳子一个与 F' 等值、反向、共线的力 F，若绳子被剪断，则这两个力同时消失。

由此可得出作用力与反作用力公理：两个物体间的作用力与反作用力总是同时存在、同时消失，且大小相等、方向相反，其作用线沿同一直线，分别作用在两个物体上。

这个公理说明了力永远是成对出现的，有作用力就有反作用力，两者总是同时存在，同时消失。

作用力与反作用力用相同字母表示，不同的是反作用力在字母右上角加注"'"。如作用力为 F，则反作用力用 F' 表示，如图 1-15 所示。

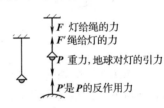

图 1-15　作用力与反作用力

三、加减平衡力系公理

根据前述内容，我们知道平衡力系中的各力对刚体的作用效应可以相互抵消，使刚体保持原有状态不变，由此可得出加减平衡力系公理：在一个刚体上加上或减去一个平衡力系，并不会改变原力系对刚体的作用效果。

加减平衡力系公理是进行力系简化的重要理论依据，由它可推导出力的可传性原理：作用于刚体上的力可以沿其作用线滑移至刚体上的任意点，不会改变原力对该刚体的作用效应，推导过程如下：

如图 1-16a 所示，小车在 A 点受一作用力 F，如图 1-16b 所示，在小车的 B 点增加一对平衡力 F_1 和 F_1'，这对平衡力的作用线和力 F 的作用线在同一直线上，且 $F_1=F$。根据加减平衡力系公理可知，新增的这对平衡力并不会改变原力 F 对刚体的作用效果，因此图 1-16a 和图 1-16b 的力的作用效果相同。由于 F 和 F_1' 也符合等值、反向、共线、作用在同一物体上的要求，所以 F 和 F_1' 也可以看作是一对平衡力，根据加减平衡力系公理，将 F 和 F_1' 去除也不会影响刚体状态，因此图 1-16b 和图 1-16c 的力的作用效果也相同。这就表示图 1-16a 和图 1-16c 的力的作用效果相同，相当于力 F 从 A 点沿其作用线滑移至 B 点，并不改变它对刚体的作用效应，同理可证，B 点可以是刚体上沿力 F 作用线上的任意一点。

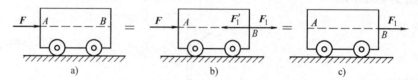

图 1-16　加减平衡力系公理的应用

四、力的平行四边形公理

由图 1-17 可以得出力的平行四边形公理：作用于物体上同一点的两个力，可以合成为一个合力，合力也作用于该点上，其大小和方向可用以这两个力为邻边所构成的平行四边形的对角线来表示。

从力的作用效果来看，一头大象的拉力与两支人力队伍的拉力相同，可以互相替代

图 1-17　人力队伍与大象运送货物

如图 1-18a 所示，F_1、F_2 为作用于物体上同一点 A 的两个力，以这两个力为邻边作出平行四边形，则从 A 点作出的对角线就是 F_1 与 F_2 的合力 F_R。矢量式表示如下：

$$F_R = F_1 + F_2$$

读作合力 F_R 等于力 F_1 与力 F_2 的矢量和。

显然，在求合力 F_R 时，不一定要作出整个平行四边形。因为对角线（合力）把平行四边形分成两个全等的三角形，所以只要作出其中一个三角形即可。

将力的矢量 F_1、F_2 首尾相接（两个力的前后次序任意），如图 1-18b、c 所示，再用线段将其封闭构成一个三角形，该三角形称为**力的三角形**，封闭边代表合力 F_R。这一力的合成方法称为**力的三角形法则**，它从平行四边形公理演变而来，应用更加简便。

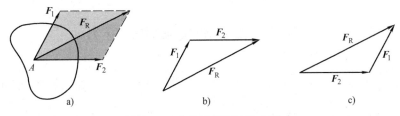

图 1-18 力的平行四边形公理

根据力的平行四边形公理，可以将两个以上共点力合成为一个力（见图 1-19a），或者将一个力分解为无数对大小、方向不同的分力（见图 1-19b）。

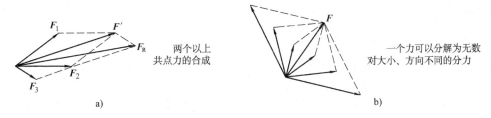

图 1-19 力的合成与分解

任务实施

通过学习上述知识，我们可以解答本节的任务。

本节任务中描述的方法，其实是车工实训中常用的"车刀巧对中心"的方法，如图 1-13 所示，将一块薄料置于圆棒料工件和车刀刀尖之间。向前摇动中滑板，使刀尖将薄料轻轻地顶在圆棒料工件上，观察薄料的倾斜方向。若薄料处于如图 1-20a 所示的左倾斜位置，说明刀尖在工件中心的下方；若薄料处于如图 1-20b 所示的右倾斜位置，说明刀尖在工件中心的上方；若薄料处于铅垂位置，说明刀尖与圆棒料工件中心等高，即为刀具的正确位置。该方法运用了二力平衡公理。

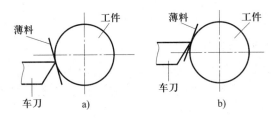

图 1-20 车刀巧对中心方法的原理分析

思考与练习

1. 工程实际中有哪些构件是二力构件？阐述理由。

2. 结合所学的机械加工实训课程，找一找钳加工、车削加工、铣削加工、磨削加工中分别存在哪些作用力与反作用力，作简单阐述。

任务三　常见约束和约束反力

学习目标

1. 掌握约束和约束反力的概念。
2. 掌握常见约束的类型及特点，能准确辨别常见约束的类型。

任务描述

观察图 1-21，回答以下问题：

1. 若忽略风力、空气阻力等的影响，飘浮在空中的热气球的运动轨迹是什么样的？
2. 火车是否能脱离铁轨行驶？铁轨对于火车来说，起什么作用？
3. 滚动轴承中的滚动体的运动轨迹是什么样的？它们为何能按照此运动轨迹运动？

a)　　　　　　　　　　　b)　　　　　　　　　　　c)

图 1-21　自由体与非自由体

相关知识

在力学分析中，通常把物体分为两类：一类是自由体，即在空间的运动不受任何限制的物体；另一类则是运动受到限制的物体，称为非自由体。非自由体的运动受到限制，是因为有约束的存在。那么，什么是约束？工程中常见的约束有哪些类型？又各自具有哪些特点呢？

一、约束和约束反力的概念

1. 约束

限制物体运动的周围物体称为约束。如图 1-21b 所示的铁轨是高铁列车的约束；如图 1-21c 所示的轴承内圈和外圈是滚动体的约束。这些受到约束作用的物体称为被约束物体。

约束是通过力的作用来限制被约束物体的运动的。例如，图 1-21c 中的内圈和外圈作用于滚动体上的力，限制了滚动体的运动。

2. 约束反力（简称约束力）

物体所受的力一般可分为主动力和约束反力。能够促使物体产生运动或运动趋势的力称为主动力。一般来说，外力属于主动力，主动力通常是已知的。约束作用于被约束物体上的力，称为约束反力，简称约束力。约束反力作用在约束与被约束物体的接触面上，通常是未知力。约束反力的大小取决于物体受到的主动力的大小，约束反力的方向与它所限制物体的运动或运动趋势的方向相反。

二、约束类型及特点

1. 柔性体约束

由柔软的绳索、传动带、链条、钢缆等柔性物体所构成的约束称为柔性体约束，如图 1-22 所示。柔性体约束只能承受拉力，而不能承受压力，只能限制被约束物体沿柔性体的中心线背离约束的运动，而不能限制被约束物体其他方向的运动。

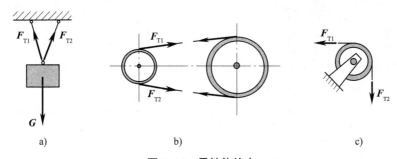

a)　　　　　　　　b)　　　　　　　　c)

图 1-22　柔性体约束

柔性体约束的约束反力作用于约束与被约束物体的连接点，方向沿着柔性体的中心线背离被约束物体。通常用符号 F_T 或 F_S 表示。如图 1-23 所示的绳索对重物构成的约束即为柔性体约束，重物在 A 点受到绳索的约束反力，作用于 A 点，沿着绳索背离重物，用 F_T 表示。

2. 光滑面约束

如图 1-21c 所示，轴承滚动体在内圈和外圈的约束作用下，可以在内外圈所构成的轨道内滑动，这种由互相接触的物体呈光滑面接触（接触面上的摩擦力很小可忽略不计）而构成的约束，称为光滑面约束。工程中常见的光滑面约束有机床导轨（见图 1-24）、夹具中的 V 形铁（见图 1-25）、变速箱中的齿轮（见图 1-26）等。

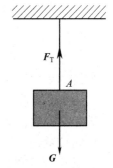

图 1-23　用绳索悬挂重物

光滑面约束不论支承面的形状如何，支承面只能限制物体沿接触表面的公法线并朝向支承面方向的运动，而不能限制物体沿接触表面切线方向的运动或离开支承面的运动。因此，其约束反力的特点是：作用点位于接触点，方向必沿接触面的公法线，并指向被约束物体。光滑面约束反力又称为法向反力，通常用符号 F_N 表示。

3. 铰链约束

铰链是指采用圆柱销将两构件连接在一起而构成的连接件。如图 1-27a 所示，构件 A、B

只能绕圆柱销 C 转动，不能相对移动。这种由铰链构成的约束称为铰链约束。铰链约束应用广泛，如图 1-27b、c 所示的剪刀和订书机都用到了铰链约束。

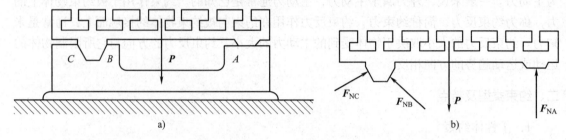

图 1-24　机床导轨

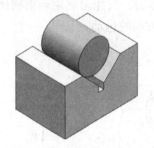

图 1-25　夹具中的 V 形铁

图 1-26　变速箱中的齿轮

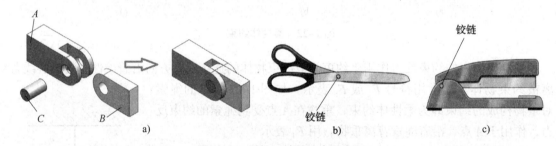

图 1-27　圆柱形铰链约束及应用

铰链约束常见的有中间铰链约束、固定铰链支座约束和活动铰链支座约束三种类型。

（1）中间铰链约束

图 1-27b 中，剪刀中的铰链约束即为中间铰链约束，其结构简图如图 1-27a 所示。

中间铰链约束能限制构件 A、B 沿圆柱销半径方向的移动，但不限制它们的转动，其约束反力必定通过圆柱销的中心，但其大小及方向一般不能由约束本身的性质确定，需根据构件受力情况才能确定。在画图和计算时，这个方向未定的约束反力，常用相互垂直的两个分力 F_{Ax} 和 F_{Ay} 来表示，如图 1-28 所示。

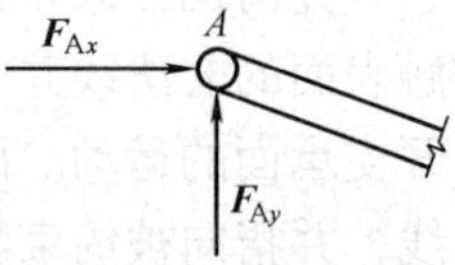

（2）固定铰链支座约束

若将中间铰链约束的一端制成铰链支座并与支承面固定，则演化成为固定铰链支座约束。其结构如图 1-29a 所示，其简化示意图如图 1-29b 所示。

图 1-28　中间铰链约束的约束反力表示法

固定铰链支座约束和中间铰链约束一样，能限制构件 A 沿圆柱销半径方向的移动，但不能限制它的转动，其约束反力必定通过圆柱销的中心，但其大小及方向一般不能由约束本身的性质确定，需根据构件受力情况才能确定。在画图和计算时，这个方向未定的约束反力，也常用相互垂直的两个分力 F_{Ax} 和 F_{Ay} 来表示，如图1-30所示。

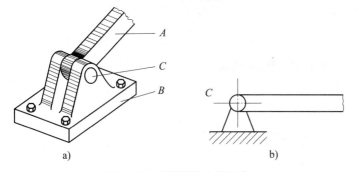

图1-29　固定铰链支座约束　　　　　　　图1-30　固定铰链支座约束的
　　　　　　　　　　　　　　　　　　　　　　　　约束反力表示法

（3）活动铰链支座约束

若将固定铰链支座约束的支座下方装上辊轴，使其能沿支承面移动，则演化成为活动铰链支座约束。其结构如图1-31a所示，其简化示意图如图1-31b所示。

活动铰链支座约束通常有特殊装置，能够限制被连接件沿支承面法线方向的上下运动，所以它是一种双面约束。活动铰链支座约束的约束反力的作用线必通过铰链中心，并垂直于支承面，其指向随受载荷情况不同有两种可能，如图1-32所示。

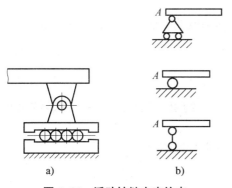
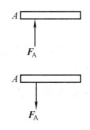

图1-31　活动铰链支座约束　　　　　　　图1-32　活动铰链支座约束的
　　　　　　　　　　　　　　　　　　　　　　　　约束反力表示法

4. 固定端约束

车床上的刀架对车刀有约束（见图1-33a），其结构简图如图1-33b所示。刀架对车刀的约束相当于物体的一部分固嵌于另一物体中，这样构成的约束称为固定端约束。

固定端约束既限制物体在约束处沿任意方向的移动，也限制物体在约束处的转动。因此，这种固定端约束必然会产生一个水平方向确定的约束反力 F_{RAx}、垂直方向确定的约束反力 F_{RAy} 和一个约束反力偶 M_A，如图1-34所示。

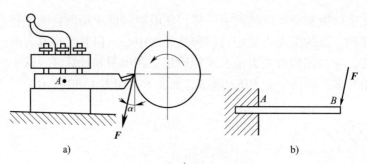

图 1-33　固定端约束

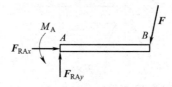

图 1-34　固定端约束的约束反力表示法

任务实施

通过学习上述知识，我们可以完成本节任务。

1. 忽略风力、空气阻力等的影响，飘在空中的热气球属于自由体，它的运动不受任何限制。

2. 火车的运动受到铁轨的限制，火车是典型的非自由体，铁轨对于火车来说是光滑面约束。

3. 滚动轴承中的滚动体的运动受到内外圈所构成的轨道的限制，也属于非自由体。

思考与练习

1. 结合机械基础的相关知识，分别画出柔性体约束、光滑面约束、铰链约束和固定端约束的结构简图。

2. 列举现实生活中各类约束的实例，并分别进行说明。

任务四　物体（系）的受力分析

学习目标

1. 掌握物体的受力分析方法。

2. 掌握三力平衡汇交定理。

3. 了解物体系、内力与外力的概念。

4. 掌握物体系的受力分析方法。

试画出如图 1-35 所示匀质球的受力图。

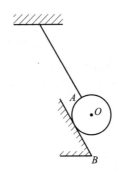

图 1-35　匀质球的受力分析

相关知识

在静力学研究中，对物体进行受力分析进而绘制受力图是非常重要的一项内容，同时是令学习者感到比较"头疼"的一项工作。学习者之所以觉得受力分析有难度，主要原因在于搞不清步骤、分不清主次、找不到着手点。其实受力分析是有固定的"格式"和步骤的，按照"格式"一步一步地分析，难度并不大。那么，所谓的"格式"是什么样的？如何按步骤进行分析？对于单一物体和由多个物体组成的物体系，它们的受力分析又有什么异同点？

一、物体的受力分析方法

在工程实际中，为了清晰地表示物体的受力情况，常需把所研究的物体（称为研究对象）从限制其运动的周围物体中分离出来，单独画出它的简图，然后在其上面画出物体所受的全部力（主动力和约束反力），这样的图称为物体的受力图。画受力图是进行物体受力分析、解决工程力学问题的基本环节，具体步骤如下：

1. 确定研究对象并将其从周围物体中分离出来，单独画出其简图。
2. 画出作用在研究对象上的主动力。
3. 分析研究对象的约束类型，并根据约束类型画出相应的约束反力。
4. 检查是否有多画、漏画或画错的力。

【例 1-1】试画出图 1-36 中梁 AB 的受力图（梁 AB 自重不计）。

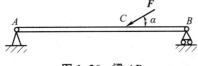

图 1-36　梁 AB

解：

（1）根据题意，确定梁 AB 为研究对象，单独画出其简图。

（2）画出研究对象所受的主动力：本题中，由于梁 AB 自重不计，所以梁 AB 所受的主动力只有外力 F。

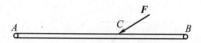

（3）分析研究对象的约束类型，画出约束反力：本题中，梁 AB 的约束类型有固定铰链支座约束（A 端）和活动铰链支座约束（B 端）两种，画出约束反力。

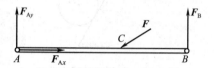

（4）经检查，准确无误。

二、三力平衡汇交定理

三力平衡汇交定理：作用于刚体同一平面上的三个互不平行的力使刚体平衡，则它们的作用线必汇交于一点。必须注意，三力平衡汇交定理是共面且不平行的三个力平衡的必要条件，但不是充分条件，也就是说，受同一平面内且作用线汇交于一点的三个力作用的物体不一定都是平衡的。

根据三力平衡汇交定理，可将【例 1-1】的受力图进一步做下述改进：如图 1-37 所示，梁 AB 的 A 端（固定铰链支座约束）的约束反力可由原来的一对相互垂直的分力 F_{Ax} 和 F_{Ay} 进一步确定为 F_A（F_A 的作用线与 F、F_B 的作用线汇交于一点）。

三、物体系、内力与外力

由两个或两个以上物体组成的系统称为物体系。如图 1-38 所示，杆 AC、杆 CD、滑轮 B 和重物 W 四个构件共同组成一个物体系。

物体系内各物体间的相互作用力称为内力。图 1-38 中的杆 AC 和杆 CD、杆 AC 和滑轮 B 之间的力等都是物体系中的内力。

作用在物体系上的力称为外力。图 1-38 中，重物 W 受到的重力和固定铰链支座处的约束反力等都是外力。

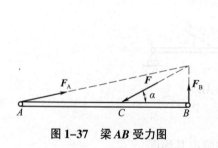

图 1-37 梁 AB 受力图

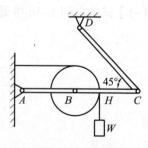

图 1-38 物体系

四、物体系的受力分析方法

对物体系进行受力分析一般有两种情况：一是对整个系统进行受力分析，二是对物体系中的某个构件进行受力分析。

需要注意：在进行整个系统的受力分析时，只需画外力，不需画内力；在进行某个构件的受力分析时，通常先找出系统中的二力构件，然后运用作用力与反作用力公理，对系统中与二力构件相联系的其他构件进行受力分析，逐步完成对系统中各构件的受力分析。

对物体系进行受力分析的具体方法和步骤可参考前文中物体的受力分析方法，此处不再赘述。

【**例1–2**】试画出图1-38中的支架整体以及组成支架的各构件的受力图（各构件自重不计）。

解：

（1）画支架整体受力图

1）根据题意，确定支架整体为研究对象，画出其简图。

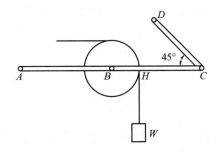

2）画出研究对象所受的主动力。本题中，支架整体所受的主动力为重物的重力。

3）分析研究对象的约束类型，画出约束反力。本题中，支架整体的约束类型有固定铰链支座约束（A处和D处）和柔性体约束（滑轮B处绳索）两种，画出约束反力。

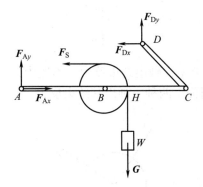

4）经检查，准确无误。

（2）画组成支架的各构件的受力图

1）根据题意，先找出系统中的二力构件，确定其为研究对象，再逐一确定其他构件为研究对象，单独画出它们的简图，并画出研究对象所受的主动力。

2）分析各研究对象的约束类型，画出约束反力。

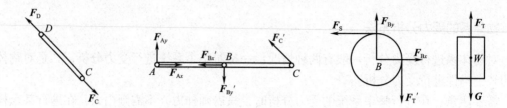

二力构件 CD：固定铰链支座约束（D 端）和中间铰链约束（C 端）。

杆 AC：固定铰链支座约束（A 端）和中间铰链约束（B 处和 C 端）。

滑轮 B：中间铰链约束（B 处）和柔性体约束（绳索）。

重物 W：柔性体约束（绳索）。

3）经检查，准确无误。

任务实施

通过学习上述知识，我们可以完成本节任务。

1．根据题意，确定匀质球为研究对象，单独画出其简图。

2．画出研究对象所受的主动力。本题中，匀质球所受的主动力只有重力。

3．分析研究对象的约束类型，画出约束反力。本题中，匀质球的约束类型有柔性体约束（绳索）和光滑面约束（斜面）两种，画出其约束反力。

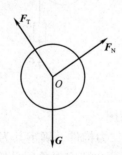

4．经检查，准确无误。

思考与练习

1．试分析曲柄滑块机构的整个系统由哪些构件组成，并指出哪些力是内力，哪些力是外力。

2．试画出如图 1-39 所示的钻床连杆式快速夹具的整个系统及各构件的受力图（各构件的自重不计）。

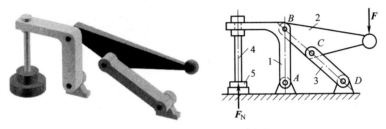

图 1-39　钻床连杆式快速夹具

平面力系

任务一 认识平面力系

学习目标

1. 掌握平面力系的定义和类型。
2. 了解不同类型平面力系的实例。
3. 掌握平面汇交力系的合成方法。

任务描述

观察如图 2-1 所示的各力系，回答以下问题：

1. 四幅图中的力系有什么共同特征？
2. 各力系有什么典型特点？

相关知识

一、平面汇交力系

平面汇交力系是指作用于同一平面内且各力作用线相交于一点的力系。如图 2-2 所示，桁架节点受力、起重吊钩受力均为平面汇交力系。

需要说明的是，平面汇交力系中有一类特殊情况为共线力系，指的是各力的作用方向在同一条直线上的力系，如图 2-3 所示。

平面汇交力系研究的主要问题之一是力系的合成问题。

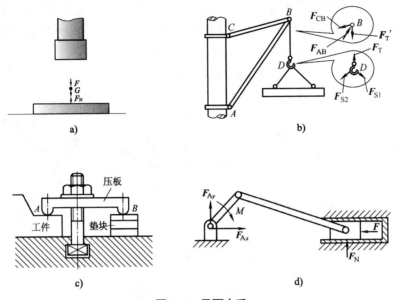

图 2-1 平面力系

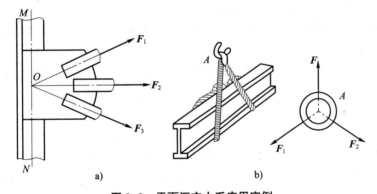

图 2-2 平面汇交力系应用实例

a）桁架节点受力 b）起重吊钩受力

图 2-3 共线力系

平面汇交力系的合成方法有几何法和解析法两种。

1. 几何法合成

两个力矢量可以用力的平行四边形公理进行合成和分解。如图 2-4a 所示，合力 F_R 等于两分力 F_1 和 F_2 的矢量和，即：

$$F_R=F_1+F_2$$

图 2-4a 中力的平行四边形可以简化成图 2-4b 中力的三角形。

如图 2-4c 所示为一平面汇交力系，利用力的三角形，将各力头尾依次相连，则合力的大小和方向由第一个力的始端和最后一个力的末端的连线确定，合力和各分力构成的多边形称为力的多边形，如图 2-4d 所示。这种用力的多边形求平面汇交力系的合力的作图规则称为力的多边形法则，亦称为几何法。用矢量式表示为：

$$F_R = F_1 + F_2 + \cdots + F_n = \sum F$$

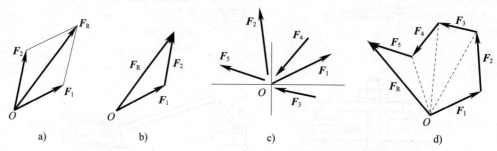

a)   b)   c)   d)

图 2-4 力的合成（几何法）

应用力的多边形法则进行力的合成时应注意以下问题：

（1）应用力的多边形法则时其分力的次序是任意的，改变各分力的作图次序，将得到不同形状的力的多边形，但所得到的合力 F_R 不变。

（2）作图时各分力必须首尾相连，而合力的指向是从第一个力的始端指向最后一个力的末端，合力为封闭边。

几何法合成虽然比较简单，但对作图要求较高，否则产生的误差较大。工程中通常采用解析法进行力的合成。

2．解析法合成

如图 2-5 所示，在直角坐标系 xOy 平面内有一力 F，此力与 x 轴所夹的锐角为 α。从力 F 的两端 A 和 B 分别向 x 轴、y 轴作垂线，得到线段 ab 和 $a'b'$。其中，ab 称为力 F 在 x 轴上的投影，以 F_x 表示；$a'b'$ 称为力 F 在 y 轴上的投影，以 F_y 表示。

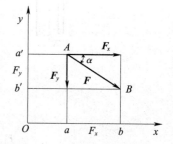

图 2-5 力在坐标轴上的投影

力在坐标轴上的投影是代数量，其正负规定：当投影的指向与坐标轴正方向一致时，则力在该轴上的投影为正；反之为负。若力 F 与 x 轴夹角为 α，则其投影表达式如下：

$$F_x = \pm F\cos\alpha$$

$$F_y = \pm F\sin\alpha$$

提示：在计算力的投影时要注意投影的正负；当力与坐标轴垂直时，力在该轴上的投影为零；当力与坐标轴平行时，力在该轴上的投影的绝对值等于力的大小；力在坐标轴上的投影与力沿坐标轴方向的分力是两个不同的概念，分力是矢量，而力的投影是标量。

当力 F 在坐标轴上的投影 F_x 和 F_y 都已知时，力 F 的大小和方向可由下面公式确定：

$$F = \sqrt{F_x^2 + F_y^2}$$

$$\tan\alpha = \frac{F_y}{F_x}$$

式中，α 为力 $\boldsymbol{F}$ 与 x 轴正方向的夹角，如图 2-6 所示。

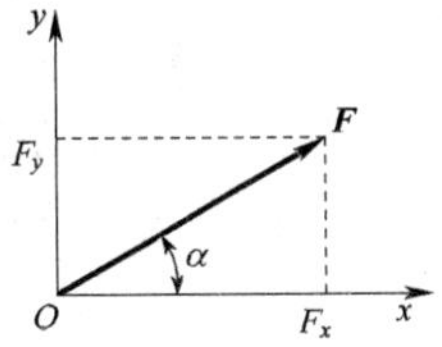

合力投影定理：合力在任一坐标轴上的投影等于各分力在同一轴上投影的代数和。其表达式如下：

$$F_{Rx} = F_{1x} + F_{2x} + \cdots + F_{nx} = \sum F_x$$

$$F_{Ry} = F_{1y} + F_{2y} + \cdots + F_{ny} = \sum F_y$$

图 2-6 已知力的投影求合力

合力 $\boldsymbol{F}_R$ 的大小、方向为：

$$F_R = \sqrt{F_{Rx}^2 + F_{Ry}^2} = \sqrt{\left(\sum F_x\right)^2 + \left(\sum F_y\right)^2}$$

$$\tan\alpha = \left|\frac{F_{Ry}}{F_{Rx}}\right| = \left|\frac{\sum F_y}{\sum F_x}\right|$$

式中，F_{1x}、F_{2x}、$\cdots$、F_{nx} 和 F_{1y}、F_{2y}、$\cdots$、F_{ny} 为各分力在 x 轴、y 轴上的投影；F_{Rx}、F_{Ry} 为合力在 x 轴、y 轴上的投影；α 为合力 $\boldsymbol{F}_R$ 与 x 轴正方向所夹的锐角，合力 $\boldsymbol{F}_R$ 的指向可根据其投影 F_{Rx} 和 F_{Ry} 的正负号确定。

利用合力投影定理，平面汇交力系可以合成为一个合力。合力的作用线仍通过力系的汇交点。

3. 共线力系求合力

如图 2-3 所示，$\boldsymbol{F}_1$、$\boldsymbol{F}_2$、$\boldsymbol{F}_3$、$\boldsymbol{F}_4$ 为作用在同一条直线上的共线力系。如果规定某一方向（如 x 轴的正方向）为正，则它的合力大小为各力沿作用线方向的代数和。合力的指向取决于代数和的正负：正值代表合力方向与 x 轴正方向一致，负值代表合力方向与 x 轴正方向相反。用公式表示为：

$$F_R = -F_1 + F_2 - F_3 + F_4$$

或写成：

$$F_R = \sum F_i$$

上式即为共线力系的合成公式。

二、平面平行力系

平面平行力系是指作用于同一平面内且各力的作用线相互平行的力系。工程中的平面平行力系的应用实例如图 2-7 所示。

三、平面一般力系

平面一般力系是指作用于同一平面内且力的作用线既不全部平行，也不相交于同一点，呈任意分布的力系，平面一般力系也可称为平面任意力系。如图 2-8a 所示为简易起重机的受力简图。水平梁 AB 的 A 端以铰链固定，B 端用拉杆 BC 连接，根据前面学习的物体（系）的受力分析方法，可画出水平梁 AB 的受力图，如图 2-8b 所示（受力分析步骤略）。

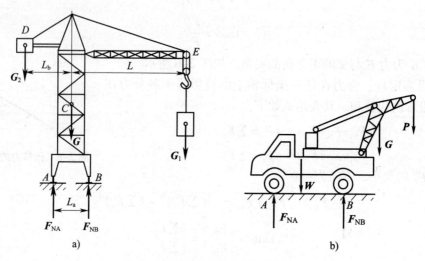

图 2-7 平面平行力系的应用实例

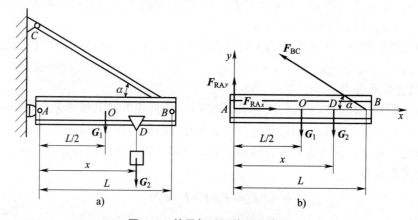

图 2-8 简易起重机的受力简图

从水平梁 AB 的受力图可以看出，其上作用的力近似分布在同一平面内，且力的作用线既不全部平行，也不相交于同一点，呈任意分布。

任务实施

通过学习上述知识，我们可以完成本节任务。

1. 四幅图中的力系都属于平面力系。

2. 图 2-1a 中的力系是平面汇交力系中的共线力系，图 2-1b 中的力系是平面汇交力系，图 2-1c 中的力系是平面平行力系，图 2-1d 中的力系是平面一般力系。

思考与练习

1. 试将表 2-1 补充完整。

表 2-1   平面力系的分类与力学模型

分类	工程实例	力学模型	描述
平面汇交力系			作用于同一平面内且各力作用线相交于一点
平面平行力系			
平面一般力系			

2. 如图 2-9 所示，一个固定在墙壁上的圆环受到三根绳子的拉力作用，已知三根绳子的拉力分别为 F_1=100 N，F_2=200 N，F_3=150 N。试用几何法求作用在圆环上的合力 F_R 的大小和方向。

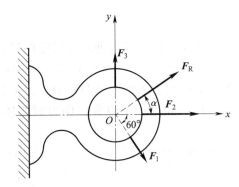

图 2-9　受平面汇交力系作用的固定圆环

3. 试用解析法计算图 2-9 中作用在圆环上的合力 F_R 的大小和方向。

任务二　平面一般力系的简化与平衡

学习目标

1. 掌握力的平移定理。
2. 掌握平面一般力系的简化方法。
3. 掌握平面一般力系的平衡条件及计算方法。

任务描述

准备两本大小和厚度都相同的书，将两本书平放在光滑的桌面上，按照如图 2-10 所示的两个位置分别用大小和方向基本相同的力去推动两本书，试描述两本书的运动轨迹。

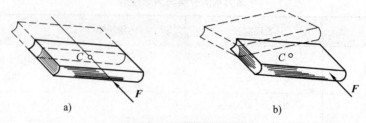

图 2-10 推动两本书

相关知识

一、平面一般力系的简化

1．力的平移定理

平面一般力系简化的理论依据为力的平移定理。由前面的知识已经知道，力对刚体的作用效果取决于力的大小、方向和作用点。当力沿着其作用线移动时，力对刚体的作用效果不变，这就是我们之前学过的"力的可传性原理"；但是，如果保持力的大小和方向不变，将力的作用线平行移动到另一个位置，则力对刚体的作用效果将发生改变。力的平移定理的推导过程如下。

如图 2-11a 所示，力 F 是作用在刚体上 A 点的一个力，O 点是刚体上力 F 作用面内的任意点。

在 O 点加上一对等值、反向的力 F' 和 F''，并使这两个力与力 F 平行且 $F=F'=-F''$，如图 2-11b 所示。根据之前学过的"加减平衡力系公理"可知，图 2-11b 中由三个力组成的新力系与图 2-11a 中一个力 F 是等效的。

将图 2-11b 中的三个力重新组合，可以看作是一个作用于 O 点的力 F' 和一个力偶（F，F''）。这样，原来作用在 A 点的力 F，被作用在 O 点的力 F' 和力偶（F，F''）等效替换，如图 2-11c 所示。

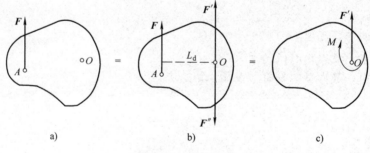

图 2-11 力的等效

由此可见，把作用在 A 点的力 F 平移到 O 点时，为使其作用效应与作用在 A 点等效，必须同时加上一个相应的力偶，这个力偶称为附加力偶，此附加力偶矩的大小为：

$$M=M_O(F)=-F \cdot L_d$$

上式说明，附加力偶矩的大小及转向与力 F 对 O 点之矩相同。

综上所述，可得力的平移定理：作用在刚体上的力可以从原作用点等效地平行移动到刚体内任意指定点，但必须在该力与指定点所决定的平面内附加一力偶，其力偶矩等于原力对指定点之矩。

2. 力的平移定理的性质

（1）当作用在刚体上的一个力沿其作用线滑动到任意点时，因附加力偶的力偶臂为零，故附加力偶矩为零。因此，力的可传性原理是力向一点平移的特例。

（2）当对力进行平移时，力的大小、方向都不改变，但附加力偶矩的大小与正负一般会随指定点的位置不同而不同。

（3）力的平移定理是把作用在刚体上的平面一般力系分解为一个平面汇交力系和一个平面力偶系的依据。

力的平移定理揭示了力对刚体产生移动和转动两种运动效应的实质。以乒乓球运动中的"削球"为例，当球拍击球的作用力没有通过球心时，按照力的平移定理，将力 F 平移至球心，力 F' 使球产生移动，附加力偶矩 M 使球产生绕球心的转动，如图 2-12 所示，于是形成球的旋转。

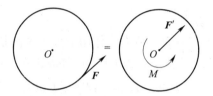

图 2-12 乒乓球运动中的"削球"

3. 平面一般力系的简化方法

对于如图 2-13a 所示的平面一般力系，选取任一点 O 为简化中心，按照力的平移定理，将力系中各力平移至 O 点，如图 2-13b 所示，得到一个汇交于 O 点的平面汇交力系和一个平面力偶系。如图 2-13c 所示，汇交力系可合成为一个力 F_R':

$$F_R' = F_1 + F_2 + \cdots + F_n = \sum F_i$$

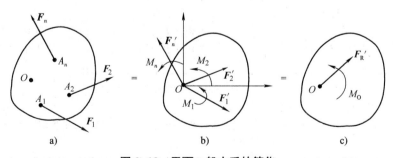

图 2-13 平面一般力系的简化

或用解析法将 F_R' 写为：

$$F_R' = \sqrt{F_{Rx}'^2 + F_{Ry}'^2} = \sqrt{\left(\sum F_x\right)^2 + \left(\sum F_y\right)^2}$$

$$F_{Rx}'=F_{1x}+F_{2x}+\cdots+F_{nx}=\sum F_x$$

$$F_{Ry}'=F_{1y}+F_{2y}+\cdots+F_{ny}=\sum F_y$$

$$\tan \alpha=|F_{Ry}'/F_{Rx}'|$$

式中，α 为 F_R' 与 x 轴所夹锐角。F_R' 的方位由 F_{Rx}'、F_{Ry}' 的正负确定。F_R' 称为原力系的主矢，其大小和方向与简化中心 O 点的位置选取是无关的。

图 2-13b 中的平面力偶系可以合成为一个合力偶，合力偶矩 M_O 是各力偶矩的代数和，即：

$$M_O=M_O(F_1)+M_O(F_2)+\cdots+M_O(F_n)=\sum M_O(F_i)$$

M_O 称为原力系对简化中心 O 点的主矩，它是原力系中各力对简化中心 O 点的矩的代数和。

由此得到结论：在一般情况下，平面一般力系向作用面内任一点 O 简化，可得到一个力和一个力偶，这个力等于原力系的主矢，作用线通过简化中心 O 点；这个力偶的矩等于原力系对简化中心 O 点的主矩。

二、平面一般力系的平衡

1. 平面一般力系的平衡条件

由前述内容可知，若物体在平面一般力系作用下处于平衡状态，即移动和转动状态均不发生改变，其充要条件是力系的主矢 F_R' 和主矩 M_O 都等于零，即：

$$F_R'=F_1+F_2+\cdots+F_n=\sum F_i=0$$

$$M_O=M_O(F_1)+M_O(F_2)+\cdots+M_O(F_n)=\sum M_O(F_i)=0$$

2. 平面一般力系的平衡方程

平面一般力系平衡必须同时满足三个平衡方程式，这三个方程彼此独立，可求解三个未知量，见表 2-2。

表 2-2 平面一般力系的平衡方程

形式	基本形式（一矩式）	二矩式	三矩式
方程	$\sum F_{ix}=0$ $\sum F_{iy}=0$ $\sum M_O(F_i)=0$	$\sum F_{ix}=0$ $\sum M_A(F_i)=0$ $\sum M_B(F_i)=0$	$\sum M_A(F_i)=0$ $\sum M_B(F_i)=0$ $\sum M_C(F_i)=0$
说明	两个投影式方程，一个力矩式方程	一个投影式方程，两个力矩式方程 使用条件：AB 连线与 x 轴不垂直	三个力矩式方程 使用条件：A、B、C 三点不共线

必须指出的是，平面一般力系的平衡方程虽然有三种形式，但是只有三个独立的平衡方程，因此只能解决构件在平面一般力系作用下具有三个未知量的平衡问题。在解决平衡问题时，可根据具体情况，选取其中较为简便的一种形式。

3．求解平面一般力系平衡问题的步骤

（1）选取合适的物体为研究对象，画出受力图。一般选取既含已知力又含未知力的物体为研究对象。

（2）选取坐标系和矩心，列出平衡方程。尽可能使未知力的方向与坐标轴平行、重合或垂直，以便于建立平衡方程和求解方程。矩心一般选在一个未知力的作用点处或两个未知力的交点处。

（3）求解平衡方程。

【例2-1】如图2-14所示的悬臂梁，在梁的自由端 B 处受集中力 F 作用，已知梁的长度 $l=2$ m，$F=100$ N。试求：固定端 A 处的约束反力。

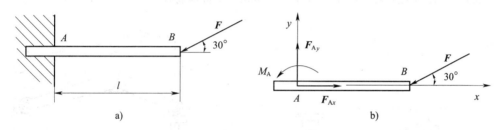

图2-14　悬臂梁及其受力分析

解：

（1）取梁 AB 为研究对象，画受力图。

梁受到 B 端已知力 F 和固定端 A 的约束反力 F_{Ax}、F_{Ay} 及约束力偶 M_A 作用，为平面一般力系情况，如图2-14b所示。

（2）建立直角坐标系 xAy，列平衡方程。

由 $\sum F_{ix}=0$，得 $F_{Ax}-F\cos30°=0$ （1）

由 $\sum F_{iy}=0$，得 $F_{Ay}-F\sin30°=0$ （2）

由 $\sum M_A(F_i)=0$，得 $M_A-F\sin30°\times l=0$ （3）

（3）求解未知量。

将已知条件分别代入上式求解。

由式（1）得 $F_{Ax}=F\cos30°=100$ N $\times\cos30°\approx86.6$ N

由式（2）得 $F_{Ay}=F\sin30°=100$ N $\times\sin30°=50$ N

由式（3）得 $M_A=Fl\sin30°=100$ N $\times 2$ m $\times\sin30°=100$ N·m

计算结果为正，说明各未知力的实际方向均与假设方向相同。

任务实施

通过学习上述知识，我们可以完成本节任务。

按照如图2-10a所示的位置和方向对书施力，由于力的作用线通过书的中心，所以书沿着施力方向直线运动；按照如图2-10b所示的位置和方向对书施力，根据力的平移定理，可将这个力等效为通过书中心的一个力和书所在平面上的一个力偶，在力和力偶的共同作用下，书在沿着施力方向直线运动的同时，还会绕着中心转动。

思考与练习

1. 如图 2-15 所示为车间里一钻床夹具，它利用杠杆原理来压紧工件，已知 l_a=60 mm，l_b=120 mm，α=30°，在螺钉处的压紧力 F_{NB}=200 N，求在工件处产生的压紧力 F_{NA}（提示：F_{NB} 和 F_{NA} 分别垂直于 B、A 处接触面）。

2. 如图 2-16 所示为一发动机的凸轮机构，已知 α=30°，β=20°。当凸轮转动时，推动杠杆 AOB 来控制阀门 C 启闭，设压下阀门需要对它作用 400 N 的力，求凸轮对滚子 A 的推力 F 及支座 O 的约束反力（图中尺寸单位为 mm，不计摩擦）。

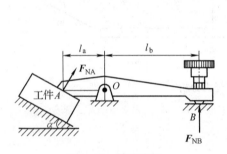

图 2-15　钻床夹具

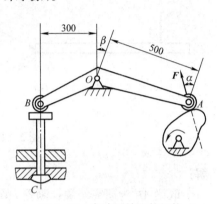

图 2-16　发动机的凸轮机构

任务三　平面汇交力系和平面平行力系的平衡

学习目标

1. 掌握平面汇交力系的平衡条件及计算方法。
2. 掌握平面平行力系的平衡条件及计算方法。

任务描述

任务 1：如图 2-17a 所示，在三角架 ABC 的销钉上挂一重物，已知 G=200 N，α=60°，β=30°。如不计杆和销钉的自重，试求杆 AB 和杆 BC 的受力。

任务 2：如图 2-18a 所示为铣床上的螺栓压板夹具，当拧紧螺母后，螺母对压板 AC 的压力 F_B=3 kN，已知 L=50 mm，试求压板对工件的压紧力及垫块所受的压力（压板自重不计）。

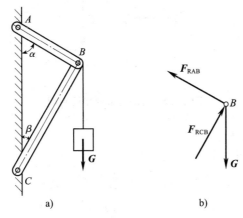

图 2-17　三角架

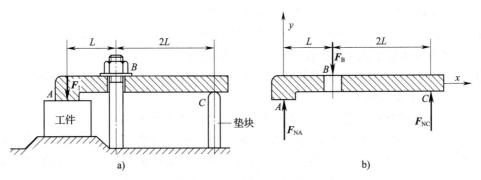

图 2-18　螺栓压板夹具

相关知识

一、平面汇交力系的平衡

1. 平面汇交力系的平衡条件

如果要使平面汇交力系作用下的刚体保持平衡，就要使合力为零，即平面汇交力系平衡的充要条件是该力系的合力为零，用公式表达为：

$$F_R = \sum F_i = 0$$

2. 平衡条件的几何表达

平面汇交力系用几何法合成时，力的多边形的封闭边即为合力。合力为零相当于最后一个力的终点与第一个力的起点重合，即各力首尾相接构成一个自行封闭的力的多边形。因此，平面汇交力系平衡的充要条件的几何表达为该力系中各力构成的力的多边形自行封闭，如图 2-19 所示。

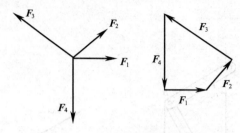

图 2-19　力的多边形自行封闭

3．平衡条件的解析表达

由力系的合力为零，得：

$$F_\mathrm{R} = \sqrt{F_{\mathrm{R}x}^2 + F_{\mathrm{R}y}^2} = \sqrt{\left(\sum F_x\right)^2 + \left(\sum F_y\right)^2} = 0$$

所以
$$\sum F_x = 0$$
$$\sum F_y = 0$$

上式称为平面汇交力系的平衡方程。因此，平面汇交力系平衡的充要条件的解析表达为：平面汇交力系中，所有力在两个坐标轴上投影的代数和都为零。

4．用解析法求解平面汇交力系平衡问题的基本步骤

在工程实际中，平面汇交力系的平衡问题一般用解析法求解更为简便与准确，解析法求解平衡问题的基本步骤如下。

（1）选取合适的研究对象，它应与已知力和待求的未知力有关。

（2）建立适当的坐标系。尽量使某个坐标轴与未知力作用线垂直，这样可使未知力只在一个轴上有投影，就可通过一个方程式解出一个未知力，避免了求解联立方程组，使计算更简便。

（3）列平衡方程求解。解题时，若未知力的指向不明可先假设，计算结果若为正值，则表示所设指向与力的实际指向相同；若为负值，则表示所设指向与力的实际指向相反，受力图不必改正，但在答案中必须说明。

二、平面平行力系的平衡

1．平面平行力系的平衡条件

平面平行力系是平面一般力系的特殊情况。图 2-18 中整块压板在平面平行力系作用下，既有沿力作用线移动的趋势，又有在平面内转动的趋势。如选取直角坐标系的 y 轴与各力平行，要使压板在力系作用下不沿合力作用线方向移动，必须满足各力在 y 轴上投影的代数和等于零，即$\sum F_y = 0$。由于各力作用线与 x 轴垂直，不论力系平衡与否，每个力在 x 轴上的投影恒等于零，即$\sum F_x \equiv 0$。同理，若力系中各力均与 x 轴平行，则$\sum F_y \equiv 0$。要使压板不产生转动，则各力对平面内任意一点的力矩的代数和必须等于零，即：

$$\sum M_\mathrm{O}(\boldsymbol{F}_i) = 0$$

由上述分析可知，平面平行力系的平衡条件：力系中各力的代数和为零，且所有力对平面内任意一点的力矩的代数和为零。

2．平面平行力系的平衡方程

由平面平行力系的平衡条件可得到其平衡方程，见表 2-3。

表 2-3   平面平行力系的平衡方程

形式	基本形式（一矩式）	二矩式
方程	$\sum F=0$ $\sum M_O(F_i)=0$	$\sum M_A(F_i)=0$ $\sum M_B(F_i)=0$
说明	一个投影式方程，一个力矩式方程	两个力矩式方程 使用条件：矩心 A 和 B 两点的连线不能与平面 平行力系中各力的作用线平行

任务实施

通过学习上述知识，我们可以完成本节任务。

任务 1

1. 解法 1（用几何法计算）

（1）取销钉为研究对象，画销钉的受力图，如图 2-17b 所示。

（2）取比例 |____100N____|。

（3）作图。

画出已知力 G 的矢量 $\vec{ac}$，过 a 点和 c 点分别作平行于 F_{RAB} 和 F_{RCB} 的直线相交于 b 点，根据平面汇交力系平衡的几何条件，各力必须首尾相接，画出 F_{RAB} 和 F_{RCB} 的箭头指向，就可得到封闭的力的三角形 $\triangle abc$，如图 2-20 所示。量得：$F_{RAB}=100$ N，$F_{RCB}=173$ N。也可应用正弦定理进行计算。

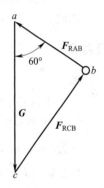

图 2-20 力的三角形

2. 解法 2（用解析法计算）

（1）取销钉为研究对象，画销钉的受力图，如图 2-17b 所示。

（2）计算两杆对销钉的反作用力 F_{RAB} 和 F_{RCB}。

我们建立两种坐标系，分别进行求解。

1）建立如图 2-21a 所示的坐标系 yBx。

列出平面汇交力系的平衡方程：

由 $\sum F_x=0$，得 $F_{RCB}\sin30° -F_{RAB}\sin60° =0$ （1）

由 $\sum F_y=0$，得 $F_{RCB}\cos30° +F_{RAB}\cos60° -G=0$ （2）

由式（1）得 $F_{RCB}=\sqrt{3}F_{RAB}$

代入式（2）得 $\dfrac{3}{2}F_{RAB}+\dfrac{1}{2}F_{RAB}-G=0$

得 $F_{RAB}=0.5G=100$ N

$F_{RCB}=\sqrt{3}F_{RAB}\approx173.2$ N

2）建立如图 2-21b 所示的坐标系 yBx。

列出平面汇交力系的平衡方程：

由$\sum F_x=0$，得 $F_{RCB}-G\cos 30°=0$ （1）

由$\sum F_y=0$，得 $F_{RAB}-G\sin 30°=0$ （2）

由式（2）得 $F_{RAB}=0.5G=100$ N

由式（1）得 $F_{RCB}=\dfrac{\sqrt{3}}{2}G\approx 173.2$ N

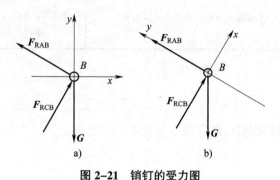

图 2-21　销钉的受力图

两种解法比较如下：

（1）用解析法求解计算准确。选取合理的直角坐标系，可使解题更简单。如图 2-21b 所示，未知力与坐标轴重合时，计算更简单。

（2）用几何法计算较容易，但要求作图准确，否则会引起较大的误差。

因此，在受力较多的情况下一般都采用解析法计算。

任务 2

解：

（1）取压板 AC 为研究对象，其受力图及坐标系建立如图 2-18b 所示。

（2）列平衡方程。

由$\sum F=0$，得 $F_{NA}-F_B+F_{NC}=0$ （1）

由$\sum M_C(\boldsymbol{F}_i)=0$，得 $F_B\cdot 2L-F_{NA}\cdot 3L=0$ （2）

由式（2）得 $F_{NA}=\dfrac{2}{3}F_B=2$ kN

将 $F_{NA}=2$ kN 代入式（1）得 $F_{NC}=F_B-F_{NA}=1$ kN

根据作用力与反作用力公理，压板对工件的压紧力为 2 kN，垫块所受压力为 1 kN。

思考与练习

1. 曲柄冲压机如图 2-22 所示，冲压工件时冲头 B 受到工件阻力 $F=30$ kN，试求当 $\alpha=30°$ 时连杆 AB 所受的力及导轨的约束反力。

2. 如图 2-23 所示，汽车停在长 20 m 的水平桥上，已知前轮压力为 10 kN，后轮压力为 20 kN，前后两轮的距离等于 2.5 m，试求汽车后轮到支座 A 的距离 x 为多少时，才能使支座 A、B 所受的压力相等（水平桥自重不计）。

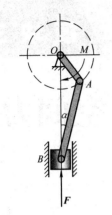

图 2-22 曲柄冲压机

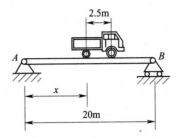

图 2-23 汽车停在水平桥上

空间力系

任务一 认识空间力系

学习目标

1. 了解空间力系的概念及类型。
2. 掌握力在空间直角坐标系坐标轴上投影的方法。
3. 掌握交于一点且相互垂直的三力的合成方法。

任务描述

如图 3-1a 所示，在车床上车削工件外圆时，车刀刀尖受工件材料切削阻力作用，用测力计测得径向力 F_x=4.5 kN，轴向力 F_y=6.3 kN，圆周力 F_z=18 kN。试求刀尖所受合力的大小，以及它与工件径向（x 轴）、轴向（y 轴）和切向（z 轴）的夹角。

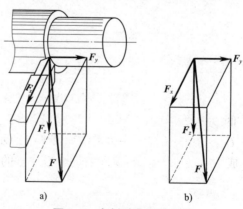

a)   b)

图 3-1 车削时的空间力系

相关知识

一、空间力系的类型

空间力系是工程实际中常见的一种力系，例如减速器中的输入轴、齿轮的轮齿、许多刀具的受力等都是空间力系作用的实例。

按照力在空间的分布情况，可将空间力系分为空间汇交力系（见图3-2）、空间平行力系（见图3-3）、空间力偶系（见图3-4）和空间任意力系（见图3-9）。

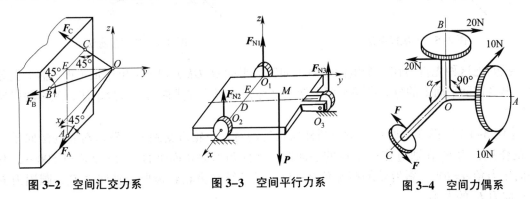

图3-2　空间汇交力系　　　　图3-3　空间平行力系　　　　图3-4　空间力偶系

二、力在空间直角坐标系坐标轴上的投影

在求解空间力系的平衡问题时，因作图较为困难，故不宜采用几何法，只能用解析法。解析法的基础是计算力在坐标轴上的投影，下面介绍计算力在空间直角坐标系坐标轴上投影的两种方法。

1. 一次投影法（又称直接投影法）

力的一次投影法如图3-5所示，设有力 F 作用在物体上的 O 点，当力 F 在空间的方位直接以 F 与 x、y、z 三个坐标轴的夹角 α、β、γ 表示时，该力在空间的方向便确定了，力 F 在 x、y、z 轴上的投影大小分别为：

$$F_x = F\cos\alpha$$

$$F_y = F\cos\beta$$

$$F_z = F\cos\gamma$$

式中，α、β、γ 称为力 F 的方位角，$\cos\alpha$、$\cos\beta$、$\cos\gamma$ 称为力 F 的方向余弦。

采用一次投影法计算较为简便，但在实际运用中，α、β、γ 这三个方位角往往不可能同时已知，因而一次投影法其实用得并不多，通常采用二次投影法来代替。

2. 二次投影法（又称间接投影法）

设在空间直角坐标系 $Oxyz$ 中 O 点作用一力 F，如图3-6所示，力 F 在平面 $ACDO$ 内，可沿铅垂和水平方向分解成 F_z 和 F_{xy}，力 F_{xy} 又可在垂直于 z 轴的平面 $OEDK$ 内进一步分解成 F_x 和 F_y，故有：

$$F_x = F\sin\gamma\cos\varphi$$

$$F_y = F\sin\gamma\sin\varphi$$

$$F_z = F\cos\gamma$$

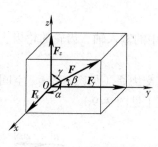

图 3-5　一次投影法

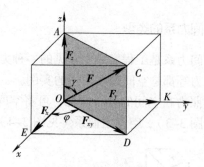

图 3-6　二次投影法

我们把这种先将力在一个坐标平面（如辅助平面 $OEDK$）和一个坐标轴（如 z 轴）上分解，再将辅助平面上的分力向该平面上两个坐标轴分解的方法称为二次投影法，又称间接投影法。

【例 3-1】如图 3-7 所示，斜齿圆柱齿轮传动时，一轮齿受到另一轮齿对它的法向压力 F_n 的作用，力 F_n 在通过作用点 O 的法面内（法面与齿面切面垂直）。设力 F_n=1 500 N，其法向压力角 α=20°，斜齿轮的螺旋角 β=15°，试计算斜齿轮轮齿所受轴向力 F_a、圆周力 F_t 和径向力 F_r 的大小。

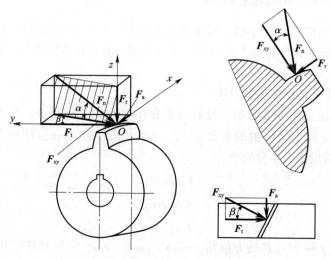

图 3-7　斜齿圆柱齿轮的受力分析

解：

（1）建立如图 3-7 所示的空间直角坐标系 $Oxyz$，使 x、y、z 三个坐标轴分别沿齿轮的轴向、圆周切线方向和径向。

（2）用二次投影法求解。

已知 F_n=1 500 N，α=20°，β=15°，可得：

$$F_a = F_n \cos\alpha \sin\beta \approx 364.8 \text{ N}$$

$$F_t = F_n \cos\alpha \cos\beta \approx 1\,361.5 \text{ N}$$

$$F_r = F_n \sin\alpha \approx 513 \text{ N}$$

注意：在斜齿圆柱齿轮的计算中，由于圆周力 F_t 通常是已知的（F_t 可根据该齿轮上传递的转矩 M 和分度圆直径 d 来求得，即 $F_t = \dfrac{2M}{d}$），因此，由以上可以推出三个公式，用以求得 F_r 和 F_a 的大小。

$$F_n = \frac{F_t}{\cos\alpha\cos\beta}$$

$$F_a = F_t \tan\beta$$

$$F_r = \frac{F_t}{\cos\beta} \times \tan\alpha$$

三、交于一点且互相垂直的三力的合成

前面讨论的是已知力的大小和方向，求力在坐标轴上的投影；反之，若已知力 F 在坐标轴上的投影 F_x、F_y 和 F_z，该如何计算力 F 的大小和方向余弦呢？

步骤如下：

1. 利用平行四边形公理求得 F_x 和 F_y 的合力 F_{xy}。

2. 利用平行四边形公理求得 F_z 与 F_{xy} 的合力 F，即求出 F_x、F_y 和 F_z 三个力的合力 F，显然，合力也作用于 O 点。

交于一点且相互垂直的空间三力的合成如图3-8所示，若以已知的三个分力为棱边作一直角平行六面体，则此六面体的对角线就是三个力的合力。这种合成方法称为力的直角平行六面体法则。

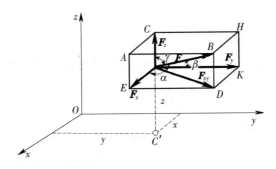

图3-8 交于一点且相互垂直的空间三力的合成

合力 F 的大小为：

$$F = \sqrt{F_x^2 + F_y^2 + F_z^2}$$

合力 F 的方向余弦为：

$$\cos\alpha = \frac{F_x}{F}$$

$$\cos\beta = \frac{F_y}{F}$$

$$\cos\gamma = \frac{F_z}{F}$$

任务实施

通过学习上述知识，我们可以完成本节任务。

1. 确定车刀刀尖为研究对象

以车床主轴为水平轴建立空间直角坐标系。

2. 刀尖受力分析

刀尖受到径向力 F_x（沿 x 轴方向）、轴向力 F_y（沿 y 轴方向）、圆周力 F_z（沿 z 轴方向）的作用。

3. 用力的直角平行六面体法则求合力 F

以三力 F_x、F_y、F_z 为棱边作一直角平行六面体，则此六面体的对角线即为三力的合力 F，如图 3-1 所示。

$$F = \sqrt{F_x^2 + F_y^2 + F_z^2} = \sqrt{4.5^2 + 6.3^2 + 18^2}\ \text{kN} \approx 19.6\ \text{kN}$$

4. 求力 F 与工件径向 x 轴、轴向 y 轴、切向 z 轴的夹角

力 F 与 x 轴的夹角用 α 表示，则 $\cos\alpha = \dfrac{F_x}{F} \approx 0.23$，即 $\alpha \approx 76.7°$。

力 F 与 y 轴的夹角用 β 表示，则 $\cos\beta = \dfrac{F_y}{F} \approx 0.32$，即 $\beta \approx 71.3°$。

力 F 与 z 轴的夹角用 γ 表示，则 $\cos\gamma = \dfrac{F_z}{F} \approx 0.92$，即 $\gamma \approx 23.1°$。

思考与练习

1. 参照图 3-9 中车床主轴的空间力系图，采用手绘或计算机制图，画出铣床主轴的空间力系图。

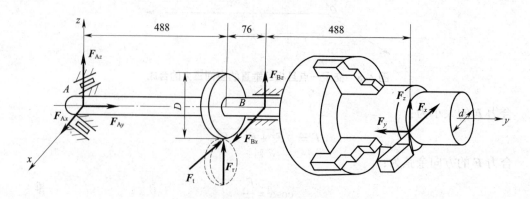

图 3-9　车床主轴

2. 如图 3-10 所示，已知 F_1=400 N，F_2=500 N，F_3=300 N，三个力分别沿 x 轴、y 轴、z 轴方向，试求合力 F 的大小和方向，并在图上画出合力 F。

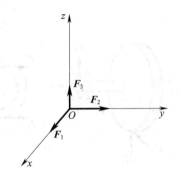

图 3-10 空间力系的合成

任务二 空间力系的简化和平衡

学习目标

1. 掌握力对轴之矩的概念。
2. 掌握空间力系合力矩定理。
3. 掌握空间力系的平衡条件和平衡方程。
4. 掌握空间力系平衡的平面解法。

任务描述

任务 1：已知作用在空间 C 点的力 F=100 N，α=60°，β=30°，其他尺寸如图 3-11 所示，试求力 F 对三坐标轴之矩。

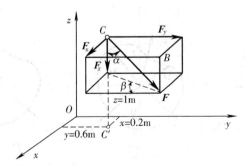

图 3-11 F 对轴之矩

任务 2：传动轴 AB 如图 3-12a 所示，轴两端以轴承 A 和 B 支承，A 为向心推力轴承，B 为向心轴承，轴上安装有齿轮 C 和 D，其分度圆直径分别为 d_C=30 cm，d_D=48 cm，

且 $AC=CD=DB=30$ cm。作用在齿轮上的径向力 $F_{Cr}=150$ N，$F_{Dr}=120$ N，圆周力 $F_{Ct}=160$ N，$F_{Dt}=100$ N。传动轴匀速转动。试求轴承 A 和 B 受力的大小。

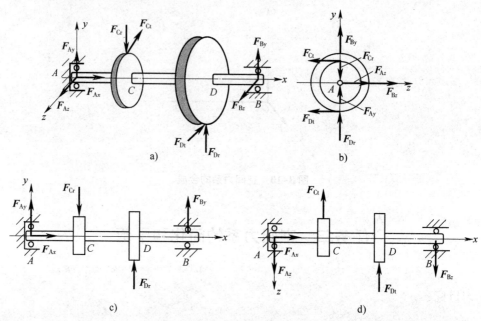

图 3–12　传动轴受力分析

相关知识

一、空间任意力系的简化

如图 3–13a 所示，在物体上作用有空间任意力系 F_1、F_2、$\cdots$、F_n，仿照前面介绍的平面一般力系的简化方法，将此空间任意力系进行简化。

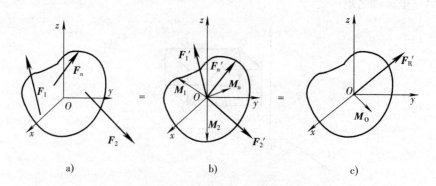

图 3–13　空间任意力系的简化

空间任意力系的简化其实和平面一般力系的简化是一样的，可在物体内任取一点 O 作为简化中心，根据力的平移定理，可将图中各力平移到 O 点（简化中心），并加上相应的附加力偶，这样就可以得到一个作用于简化中心 O 点的空间汇交力系和一个附加的空间力偶系，如图 3–13b 所示。再将作用于简化中心的空间汇交力系和附加的空间力偶系分别合成，便可以得到一个作用于简化中心 O 点的主矢 $\boldsymbol{F}_R'$ 和一个主矩 $\boldsymbol{M}_0$，如图 3–13c 所示。

1. 力对轴之矩

前面已经学习了力在空间直角坐标系上投影与合成的方法，故而在进行空间任意力系的简化时，可以用上述方法求得作用于简化中心 O 点的主矢 $\boldsymbol{F}_R'$。接下来求解附加的主矩 $\boldsymbol{M}_0$。在求解 $\boldsymbol{M}_0$ 之前，我们先来了解力对轴之矩的概念。

在平面力系中，物体只能在平面内绕某点转动，用力对点之矩来度量力使物体发生转动的效果，如图 3–14a 所示。而在空间力系中，物体能绕轴转动，故而用力对轴之矩来度量力使物体转动的效果，如图 3–14b 所示。

下面以如图 3–15 所示的门绕 z 轴的转动为例进一步讨论力对轴之矩。在图中，$\boldsymbol{F}_1$、$\boldsymbol{F}_2$ 与 z 轴同在该门平面内，显然，都不能使门产生绕 z 轴转动的效果。故当力与轴在同一平面内（包括力与轴平行或相交）时，力对轴之矩为零。$\boldsymbol{F}_3$ 与 z 轴不在同一平面内，有使门绕 z 轴转动的效果。

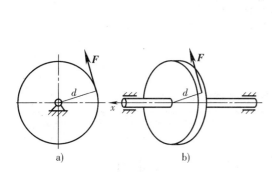

图 3–14　力对轴之矩与力对点之矩的关系

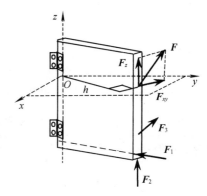

图 3–15　力对轴之矩

如前所述，对于空间中的任意力 $\boldsymbol{F}$，可将其分解为平行于 z 轴的 $\boldsymbol{F}_z$ 和在 xOy 平面内的 $\boldsymbol{F}_{xy}$。显然，$\boldsymbol{F}_z$ 对 z 轴的转动效果为零；$\boldsymbol{F}_{xy}$ 对 z 轴的转动作用，即力 $\boldsymbol{F}_{xy}$ 对 z 轴之矩，等于在 xOy 平面内力 $\boldsymbol{F}_{xy}$ 对 z 轴与该平面交点 O 之矩。故力 $\boldsymbol{F}$ 对 z 轴之矩可写为：

$$M_z\left(\boldsymbol{F}\right)=M_0\left(\boldsymbol{F}_{xy}\right)= \pm F_{xy}h$$

即力 $\boldsymbol{F}$ 对 z 轴之矩 $M_z\left(\boldsymbol{F}\right)$ 等于力在垂直于 z 轴的 xOy 平面内的分量 $\boldsymbol{F}_{xy}$ 对 z 轴与 xOy 平面交点 O 之矩。

$M_z\left(\boldsymbol{F}\right)$ 的正负可由右手法则确定，即右手半握拳，四指与物体转动方向一致，若拇指指向与轴的正向一致则为正，反之为负。

2. 空间力系合力矩定理

在空间直角坐标系中，求力对任一轴之矩同样可引用合力矩定理。空间力系的合力对于任一轴之矩等于各分力对同一轴之矩的代数和，这就是空间力系对轴之矩的合力矩定理，即：

$$M_z\left(\boldsymbol{F}\right)=M_z\left(\boldsymbol{F}_x\right)+M_z\left(\boldsymbol{F}_y\right)+M_z\left(\boldsymbol{F}_z\right)=M_z\left(\boldsymbol{F}_x\right)+M_z\left(\boldsymbol{F}_y\right)$$

其中，由于 $\boldsymbol{F}_z$ 平行于 z 轴，故其对 z 轴之矩为零。

二、空间力系的平衡

前面已经学习了平面一般力系平衡的必要与充分条件是力系的主矢和力系对作用面内任意一点的主矩等于零。与此相似，空间任意力系向一点简化的结果也得到一个主矢和一个主矩，所以当主矢和主矩都等于零（它们在坐标轴上的投影为零）时，空间力系为平衡力系，即空间任意力系平衡的必要与充分条件：力系的主矢和力系对空间任意一点的主矩都等于零，即

$$F_R' = 0$$
$$M_O = 0$$

不同的是，平面力系的主矩 M_O 是代数量，而空间力系的主矩 $\boldsymbol{M}_O$ 是矢量。在平面力系中，由于各力与矩心都在同一平面内，因而力使物体绕平面内某一点转动只能有顺时针和逆时针两种转动效果。但在空间力系中，各力和同一矩心分别构成不同的平面，这样一来，力使物体绕矩心转动的效果不仅取决于力矩的大小和转向，而且还取决于力和矩心所构成的平面的方位。所以在空间力系中，力对点之矩也要用矢量表示。空间力系的合力对任意一点的矩等于该力系中各力对同一点的矩的矢量和，而合力对任一轴的矩等于该力系中各力对同一轴的矩的代数和，即

$$M_x(\boldsymbol{F}) = \sum M_x(\boldsymbol{F}_i)$$
$$M_y(\boldsymbol{F}) = \sum M_y(\boldsymbol{F}_i)$$
$$M_z(\boldsymbol{F}) = \sum M_z(\boldsymbol{F}_i)$$

1. 空间力系的平衡条件和平衡方程

空间力系的平衡条件和平衡方程见表 3-1。

表 3-1   空间力系的平衡条件和平衡方程

空间力系类型	定义	图例	平衡条件	平衡方程
空间汇交力系	力系中各力作用线在空间相交于一点		力系中各力在空间三坐标轴上投影的代数和为零	$\sum F_x = 0$ $\sum F_y = 0$ $\sum F_z = 0$
空间平行力系	力系中各力作用线彼此平行		力系中各力在力系平行轴上投影的代数和为零，且对另两个坐标轴之矩的代数和为零	$\sum F_y = 0$ $\sum M_x(\boldsymbol{F}) = 0$ $\sum M_z(\boldsymbol{F}) = 0$
空间任意力系	力系中各力作用线在空间任意分布		力系中各力在三个坐标轴上投影的代数和分别为零，同时各力对这三个坐标轴之矩的代数和也都分别等于零	$\sum F_x = 0$ $\sum M_x(\boldsymbol{F}) = 0$ $\sum F_y = 0$ $\sum M_y(\boldsymbol{F}) = 0$ $\sum F_z = 0$ $\sum M_z(\boldsymbol{F}) = 0$

续表

空间力系类型	定义	图例	平衡条件	平衡方程
空间力偶系	力系中各力偶作用面在空间任意分布	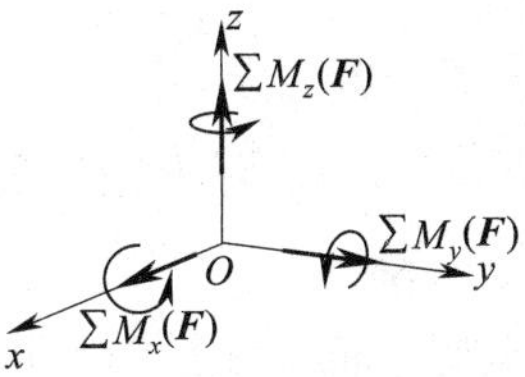	力系中各力对三坐标轴之矩的代数和等于零	$\sum M_x(F)=0$ $\sum M_y(F)=0$ $\sum M_z(F)=0$

2. 空间力系平衡的平面解法

当空间力系是平衡力系时，其投影到三个相互垂直的坐标平面上而得到的三个平面力系也一定是平衡力系。只要能正确地将空间力系投影到三个坐标平面上，则可将空间力系转化成平面力系，即把较复杂的空间力系平衡问题转化为较简单的平面力系平衡问题来处理，这种转化方法称为空间力系平衡的平面解法，也称投影法。其优点是图形简明，几何关系清楚，故在工程中应用广泛。具体步骤如下：

（1）确定研究对象，画出受力图。

（2）选取空间直角坐标系坐标轴，利用力的分解使各力或分力分别与三个坐标轴平行。

（3）将受力图分别向三个坐标平面投影，画出其平面受力图。

（4）分别计算各平面受力图的平衡问题。

任务实施

通过学习上述知识，我们可以完成本节任务。

任务1

1. 求力 F 在各坐标轴上投影的大小

$$F_z=F\cos\alpha=100\times0.5\ \text{N}=50\ \text{N}$$

$$F_x=F\sin\alpha\sin\beta\approx100\times0.866\times0.5\ \text{N}=43.3\ \text{N}$$

$$F_y=F\sin\alpha\cos\beta=100\ \text{N}\times3\div4=75\ \text{N}$$

2. 求力 F 对各坐标轴之矩

$$M_z(F)=M_z(F_x)+M_z(F_y)=-F_x\cdot y+F_y\cdot x\approx-10.98\ \text{N}\cdot\text{m}$$

$$M_x(F)=M_x(F_y)+M_x(F_z)=-F_y\cdot z-F_z\cdot y=-105\ \text{N}\cdot\text{m}$$

$$M_y(F)=M_y(F_x)+M_y(F_z)=F_x\cdot z+F_z\cdot x\approx53.3\ \text{N}\cdot\text{m}$$

任务2

1. 将如图 3-12a 所示的空间力系向坐标平面 xAy 投影，得到如图 3-12c 所示的平面力系，则平衡方程为：

$$\sum F_x=F_{Ax}=0 \tag{1}$$

$$\sum F_y = F_{Ay} + F_{By} - F_{Cr} + F_{Dr} = 0 \tag{2}$$

$$\sum M_A(\boldsymbol{F}) = \sum M_z(\boldsymbol{F}) = F_{By}AB - F_{Cr}AC + F_{Dr}AD = 0 \tag{3}$$

代入数据得：

$$F_{Ax} = 0$$

$$F_{By} = -30\ \text{N}（所设方向与实际方向相反）$$

$$F_{Ay} = 60\ \text{N}$$

2. 将如图 3-12a 所示的空间力系向坐标平面 xAz 投影，得到如图 3-12d 所示的平面力系，则平衡方程为：

$$\sum F_z = F_{Az} + F_{Bz} - F_{Ct} - F_{Dt} = 0 \tag{4}$$

$$\sum M_A(\boldsymbol{F}) = \sum M_y(\boldsymbol{F}) = F_{Cr}AC + F_{Dt}AD - F_{Bz}AB = 0 \tag{5}$$

代入数据得：

$$F_{Az} = 140\ \text{N}$$

$$F_{Bz} = 120\ \text{N}$$

3. 将如图 3-12a 所示的空间力系向坐标平面 yAz 投影，得到如图 3-12b 所示的平面力系，则平衡方程为：

$$\sum F_y = F_{Ay} + F_{By} - F_{Cr} + F_{Dr} = 0 \tag{6}$$

$$\sum F_z = F_{Az} + F_{Bz} - F_{Ct} - F_{Dt} = 0 \tag{7}$$

$$\sum M_A(\boldsymbol{F}) = \sum M_x(\boldsymbol{F}) = -F_{Ct}r_1 + F_{Dt}r_2 = 0 \tag{8}$$

将已知数据和上述计算结果代入式（6）（7）（8）进行验证，结果是正确的。

思考与练习

1. 如图 3-16 所示的钢架由三个固定销支承在支座 A、B、C 处，受力 $F_1 = 100\ \text{kN}$，$F_2 = 50\ \text{kN}$ 作用，钢架自重不计，试求支座各处的约束反力。

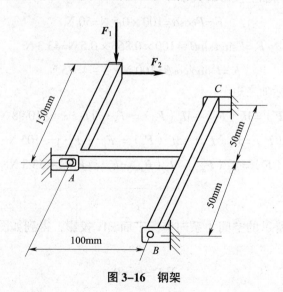

图 3-16　钢架

2. 如图 3-17 所示为三轮推车，已知 $AH=HB=0.5$ m，$CH=1.5$ m，$EF=0.3$ m，$ED=0.5$ m，载重 $G=1.5$ kN。试求地面对 A、B、C 三轮的约束力。

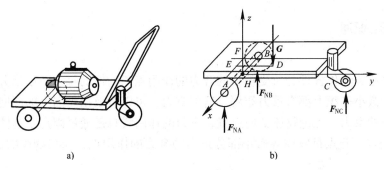

a)   b)

图 3-17 三轮推车

任务三 物体的重心（形心）

学习目标

1. 理解重心与形心的概念及计算方法。
2. 掌握确定重心与形心的方法。

任务描述

如图 3-18 所示的 Z 形钢截面，可将其分割成 Ⅰ、Ⅱ、Ⅲ 三个规则图形，面积 $A_1=2$ cm $\times 1$ cm $=2$ cm^2，其形心坐标是 $x_1=-1$ cm，$y_1=4.5$ cm。Ⅱ 和 Ⅲ 两个图形的面积分别是多少？此 Z 形钢截面的重心坐标又是多少？

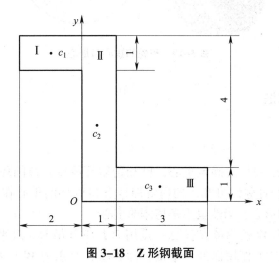

图 3-18 Z 形钢截面

相关知识

一、重心与形心概述

1. 重心

物体的重心是物体各部分所受重力的合力的作用点。物体的每一微小部分都受地球引力作用，即每个微小体积上都有重力作用。这些重力，可以看成铅垂向下的同向平行力系，其合力就是物体的重力。无论物体如何放置，重力的作用线总是通过固定于物体的空间坐标系中的一个确定点，此点是物体各微小部分重力的合力的作用点，而与物体的放置情况无关，所以称为重心。

重心的位置在工程中有着重要的意义。例如，起重机要正常工作，重心位置应满足一定的条件以保证其不倾翻；船舶的重心位置将直接影响其稳定性；高速旋转机械中旋转件的重心若偏离了旋转轴线，将因离心力的作用而引起机械剧烈地振动，以致发生严重事故等。

2. 形心

匀质物体的重心位置完全取决于物体的几何形状，而与物体的质量无关，故匀质物体的重心就是其形心。非匀质物体的重心一般不在形心处，但若其几何形状和质量均对称于形心或者形心轴，则重心仍在形心或形心轴上。如图 3-19 所示的车轮，外圈是轮胎，内圈为钢轮毂，组成非匀质物体，O 点为物体的形心，除几何形状对称外，内、外圈物体质量也对称于形心，故其重心仍在形心 O 处。

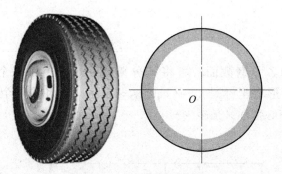

图 3-19　车轮的重心与形心

二、确定物体重心的方法

1. 实验法

（1）垂吊法

如图 3-20 所示为用垂吊法确定重心，已知匀质等厚度开口圆环的圆心为 O 点，OA 是开口圆环的对称轴，由对称性可知，匀质等厚度开口圆环的重心在对称线 OA 上。由于开口，O 点已不是物体的形心，当然也不是物体的重心。

垂吊法是将重力为 W 的物体在任意一点用力 F 将其吊起，其平衡后的位置如图 3-20 所示。物体受 F 和 W 二力作用而处于平衡，即 $F=W$，且重力 W 与 F 必须共线而反向，故

可知重力 W 的作用点（重心）一定在 BC 连线上。

由对称性可知匀质等厚度开口圆环的重心在对称线 OA 上，由垂吊法又知其重心在 BC 连线上，故物体的重心应当在 OA 与 BC 两条直线的交点 C 处。一般来说，任何复杂形状的物体（无论是否为匀质物体），其重心都可用垂吊法来确定。对于任一非匀质物体，可在不同位置垂吊两次（平面）或三次（空间），由重力作用线的交点即可确定物体的重心位置。

（2）称重法

对于一些质量大、不便于垂吊的物体，可以用称重法确定其重心位置。如图 3-21 所示，车辆前轮处的约束力 F_B 由地秤给出，以后轮与地面接触的 A 点为矩心，设重力作用在距 A 点 x 处，则可列出平衡方程：

$$\sum M_A(F) = Wx - F_B L = 0$$

由此可求出 x。若将前轮抬高一些再称一次，还可以再确定重心的另一个坐标。由两次获得的过重心的作用线的交点即可确定重心位置。

由上可见，垂吊法和称重法都是利用物体的平衡条件确定重心位置。

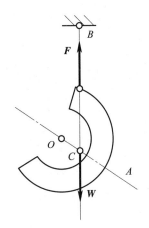

图 3-20 用垂吊法确定重心

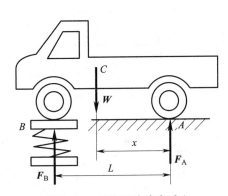

图 3-21 用称重法确定重心

2．计算法

（1）积分法

积分法主要用于求形状简单的匀质物体的重心。计算时，应用重心坐标的积分形式公式求解。通常将积分结果列表于有关工程手册中，以备查用。常见的形状简单的匀质物体重心的位置坐标公式见表 3-2。

（2）分割法

对于由若干匀质简单图形组合而成的物体，可用分割法求其重心，即将组合体分割成几个简单的形体，这些简单形体的重心一般都是已知的或易求的，然后按下式求组合体的重心坐标。

$$x_c = \frac{A_1 x_1 + A_2 x_2 + \cdots + A_n x_n}{A_1 + A_2 + \cdots + A_n} = \frac{\sum A_i x_i}{\sum A_i}$$

$$y_c = \frac{A_1 y_1 + A_2 y_2 + \cdots + A_n y_n}{A_1 + A_2 + \cdots + A_n} = \frac{\sum A_i y_i}{\sum A_i}$$

式中，x_1 和 y_1 是面积 A_1 形体的重心坐标，以此类推。

表 3–2　　　　　　　　　　　形状简单的匀质物体重心的位置坐标公式

图形	重心位置
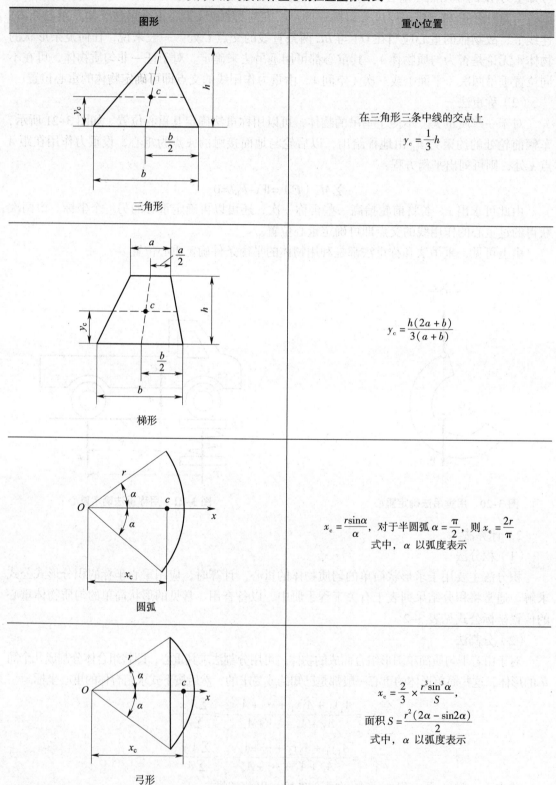 三角形	在三角形三条中线的交点上 $$y_c = \frac{1}{3}h$$
梯形	$$y_c = \frac{h(2a+b)}{3(a+b)}$$
圆弧	$x_c = \dfrac{r\sin\alpha}{\alpha}$，对于半圆弧 $\alpha = \dfrac{\pi}{2}$，则 $x_c = \dfrac{2r}{\pi}$ 式中，α 以弧度表示
弓形	$x_c = \dfrac{2}{3} \times \dfrac{r^3\sin^3\alpha}{S}$， 面积 $S = \dfrac{r^2(2\alpha - \sin 2\alpha)}{2}$ 式中，α 以弧度表示

续表

图形	重心位置
扇形	$x_c = \dfrac{2}{3} \times \dfrac{r\sin\alpha}{\alpha}$，对于半圆 $\alpha = \dfrac{\pi}{2}$， 则 $x_c = \dfrac{4r}{3\pi}$ 式中，α 以弧度表示
部分圆环	$x_c = \dfrac{2}{3} \times \dfrac{R^3 - r^3}{R^2 - r^2} \times \dfrac{\sin\alpha}{\alpha}$ 式中，α 以弧度表示
抛物线面	$x_c = \dfrac{3}{5}a$ $y_c = \dfrac{3}{8}b$
抛物线面	$x_c = \dfrac{3}{4}a$ $y_c = \dfrac{3}{10}b$

图形	重心位置
半球	$z_c = \dfrac{3}{8} r$
正圆锥体	$z_c = \dfrac{1}{4} h$
正棱锥	$z_c = \dfrac{1}{4} h$
锥形筒体	$y_c = \dfrac{4R_1 + 2R_2 - 3t}{6(R_1 + R_2 - t)} L$

任务实施

通过学习上述知识，我们可以完成本节任务。

将 Z 形钢分割成 Ⅰ、Ⅱ、Ⅲ 三个简单图形，取坐标系 xOy。由图中已知尺寸得：

$A_1 = 2\ cm \times 1\ cm = 2\ cm^2$，其形心坐标是 $x_1 = -1\ cm$，$y_1 = 4.5\ cm$；

$A_2 = 1\ cm \times 5\ cm = 5\ cm^2$，其形心坐标是 $x_2 = 0.5\ cm$，$y_2 = 2.5\ cm$；

$A_3 = 3\ cm \times 1\ cm = 3\ cm^2$，其形心坐标是 $x_3 = 2.5\ cm$，$y_3 = 0.5\ cm$。

代入式

$$x_c = \frac{A_1 x_1 + A_2 x_2 + \cdots + A_n x_n}{A_1 + A_2 + \cdots + A_n} = \frac{\sum A_i x_i}{\sum A_i}$$

$$y_c = \frac{A_1 y_1 + A_2 y_2 + \cdots + A_n y_n}{A_1 + A_2 + \cdots + A_n} = \frac{\sum A_i y_i}{\sum A_i}$$

得

$$x_c = \frac{2 \times (-1) + 5 \times 0.5 + 3 \times 2.5}{2 + 5 + 3}\ cm = 0.8\ cm$$

$$y_c = \frac{2 \times 4.5 + 5 \times 2.5 + 3 \times 0.5}{2 + 5 + 3}\ cm = 2.3\ cm$$

Z 形钢截面的重心坐标为：$x_c = 0.8\ cm$，$y_c = 2.3\ cm$。

思考与练习

1. 如图 3-22 所示，在半径为 R 的圆中挖去一等腰直角三角形，试求阴影部分的形心坐标 x。

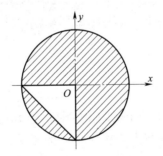

图 3-22 圆中挖去一等腰直角三角形

2. 求图 3-23 中各平面图形的形心坐标。

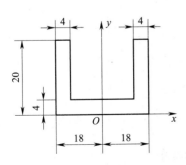
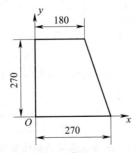
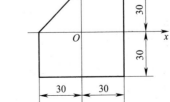

图 3-23 平面图形

刚体的基本运动

任务一 刚体的平行移动与定轴转动

学习目标

1. 理解刚体平行移动（简称平动）和定轴转动（简称转动）的定义。
2. 掌握刚体平动和转动的特点，并正确判断刚体是平动还是转动。
3. 掌握刚体定轴转动的转动方程及角速度、角加速度的计算方法。

任务描述

如图 4-1 所示为渐开线齿轮齿条传动机构简图，已知齿轮转速 $n=15$ r/min，齿轮的齿数 $z=30$，模数 $m=2$ mm，试计算齿轮与齿条啮合点 M 的速度及齿条移动速度 v 的大小。

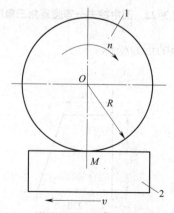

图 4-1　渐开线齿轮齿条传动机构简图

1—齿轮　2—齿条

相关知识

一、刚体的平行移动

1. 刚体平行移动的定义

在日常生活和机械工程中，刚体做平行移动的例子有很多，如图4-2所示的火车在轨道上直线行驶时车厢的运动和图4-3所示的齿轮齿条传动中齿条的运动。这些运动的共同特点：刚体在运动过程中，刚体内任一直线始终与初始位置保持平行。这种运动称为刚体的平行移动，简称刚体平动。

图4-2 直线行驶的火车

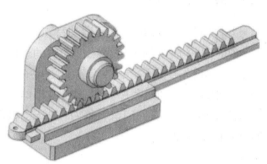

图4-3 齿轮齿条传动

2. 刚体平行移动的类型

根据运动轨迹不同，刚体平行移动可分为直线平动和曲线平动两种。若运动的轨迹为直线，则称为直线平动，如图4-2所示的火车车厢和图4-3所示的齿条。若运动的轨迹为曲线，则称为曲线平动，如图4-4所示的双曲柄机构。

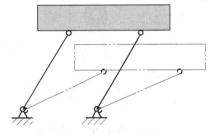

图4-4 双曲柄机构

3. 刚体平行移动的运动特点

刚体在运动过程中，其上各点的运动轨迹形状相同，每一瞬时各点的速度和加速度相同，因此，刚体的平行移动可转化为点的运动来研究。

4. 刚体平行移动时速度和加速度的计算

（1）刚体平行移动时的运动方程为 $s=f(t)$，即表示刚体的位移（弧坐标）随时间而变化，是时间 t 的单值连续函数。

（2）平均速度 $\bar{v}$ 是表示刚体运动的平均快慢的量，即：

$$\bar{v}=s/t$$

（3）瞬时速度 v 是表示刚体运动在瞬时 t 的速度，简称速度。其大小等于位移（弧坐标）对时间的一阶导数，方向沿运动轨迹的切线方向，即：

$$v=\frac{\mathrm{d}s}{\mathrm{d}t}$$

（4）平均加速度 a 是表示时间 t 内刚体运动速度的变化量，即：

$$a = \frac{v_t - v_0}{t}$$

式中　v_t——末速度，m/s；

　　　v_0——初速度，m/s；

　　　t——时间，s。

（5）瞬时加速度是表示刚体运动在瞬时 t 的加速度，简称加速度，包括切向加速度和法向加速度。切向加速度的大小等于速度对时间的一阶导数，即：

$$a_\tau = \frac{\mathrm{d}v}{\mathrm{d}t}$$

二、刚体的定轴转动

1. 刚体的定轴转动及其运动特点

如图 4-3 所示的齿轮齿条传动中的齿轮做定轴转动，这种运动在日常生活和机械工程中很常见，如图 4-5 所示的摩天轮和图 4-6 所示的汽车车轮都是定轴转动的例子。这种运动的特点：刚体在运动过程中，其体内或延伸部分始终有一条直线保持不动，其余各点都绕此直线做圆周运动。凡是具有这种特征的运动都称为定轴转动，简称转动。定轴转动时保持不动的直线称为转轴。

图 4-5　摩天轮

图 4-6　汽车车轮

2. 定轴转动刚体的转速、角速度与角加速度

（1）转速

工程上常以每分钟的转数表示刚体转动的快慢程度，称为转速，用字母 n 表示，单位为 r/min（转 / 分）。

（2）角速度

单位时间内转过的角度称为角速度，用字母 ω 表示，单位为 rad/s（弧度 / 秒）。物理学中刚体转动的快慢程度常用角速度 ω 表示。角速度是代数量，其正负号的规定与转角相同。

因为每一转等于 2π 弧度，所以角速度 ω 和转速 n 之间的关系为：

$$\omega = 2\pi n (\mathrm{rad/min})$$

$$= \frac{2\pi n}{60}(\mathrm{rad/s}) = \frac{\pi n}{30}(\mathrm{rad/s})$$

角速度 ω 反映转角 φ 随时间 t 的变化率，亦可表示为：

$$\omega = \frac{\mathrm{d}\varphi}{\mathrm{d}t} = \varphi'$$

即刚体的转动角速度等于其转角 φ 对时间的一阶导数。

（3）角加速度

角速度 ω 随时间 t 的变化率称为角加速度，用符号 ε 表示。

角加速度 ε 是角速度 ω 对时间的一阶导数，或者等于转角 φ 对时间的二阶导数，即：

$$\varepsilon = \frac{\mathrm{d}\omega}{\mathrm{d}t} = \frac{\mathrm{d}^2\varphi}{\mathrm{d}t^2} = \omega' = \varphi''$$

角加速度 ε 正负号的规定：与角速度方向一致时为正，刚体做加速转动，如图 4-7a 所示；与角速度方向相反时为负，刚体做减速转动，如图 4-7b 所示。

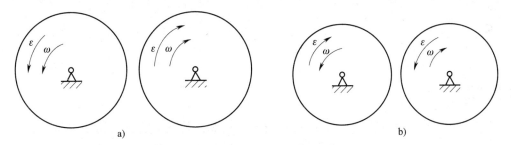

图 4-7 角加速度正负号的规定

a）加速转动 b）减速转动

3. 匀速与匀变速转动的有关计算

刚体在定轴转动过程中，当 $\varepsilon=0$，$\omega=$ 常数时，刚体做匀速转动；当 $\varepsilon=$ 常数时，刚体做匀变速转动。可应用下列公式分别进行有关计算：

匀速转动 $\qquad\qquad\qquad\qquad \varphi=\varphi_0+\omega t$

匀变速转动 $\qquad\qquad\qquad \omega=\omega_0+\varepsilon t$

$$\varphi=\varphi_0+\omega_0 t+\frac{1}{2}\varepsilon t^2$$

$$\omega^2=\omega_0^2+2\varepsilon(\varphi-\varphi_0)$$

式中，φ_0 和 ω_0 是 $t=0$ 时的转角和角速度。

任务实施

通过学习上述知识，我们可以完成本节任务。

M 点的瞬时速度：

$$v_M=\frac{\mathrm{d}s}{\mathrm{d}t}=2\pi nR=\pi nmz=15\times2\times30\pi\ \mathrm{mm/min}\approx2\ 826\ \mathrm{mm/min}$$

齿条在齿轮带动下做平动，M 点既是齿轮上的点，也是齿条上的点，由刚体平行移动的特点可知其速度大小等于 M 点的速度，即：

$$v = v_M \approx 2\ 826 \text{ mm/min}$$

思考与练习

1. 列举日常生活和机械工程中的刚体平行移动的例子。
2. 列举日常生活和机械工程中的刚体定轴转动的例子。

任务二　定轴转动刚体上各点速度和加速度计算

学习目标

1. 掌握定轴转动刚体上各点速度和切向加速度、法向加速度、全加速度的计算。
2. 掌握定轴转动刚体两种运动形式的特点。

任务描述

如图 4-8 所示的起吊装置，已知圆轮半径 $R=0.2$ m，其绕定轴 O 的转动方程为 $\varphi = -t^2 + 4t$，单位为 rad（弧度）。求 $t=1$ s 时轮缘上任意一点 M 的线速度和加速度，以及 $t=1$ s 时重物的速度和加速度。

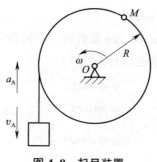

图 4-8　起吊装置

相关知识

一、定轴转动刚体上各点的线速度与加速度

1. 线速度

转动刚体上某点单位时间内转过的弧长称为线速度，用字母 v 表示，常用单位为

m/min（米/分）或 m/s（米/秒）。

如图 4-9 所示，设刚体绕轴 O 转动的方程为 $\varphi=f(t)$。刚体上任意一点 M 至轴的距离 $OM=R$，称为转动半径。当刚体转角 $\varphi=0°$ 时，点 M 所在位置 M_0 为弧坐标原点，从正面看逆时针旋转为正。当刚体转过 φ 角时，点 M 走过的弧长 s 由几何关系可得：

$$s=R\varphi$$

则点 M 的速度为：

$$v=\frac{s}{t}=\frac{R\varphi}{t}=R\omega=2\pi Rn\,(\text{mm/min})$$

$$=\frac{\pi dn}{1\,000}(\text{m/min})=\frac{\pi dn}{60\times1\,000}(\text{m/s})$$

式中　$R(d)$——转动刚体上某点的转动半径（直径），mm；

　　　n——转动刚体的转速，r/min。

速度 v 的大小亦可表示为：

$$v=\frac{\mathrm{d}s}{\mathrm{d}t}=R\frac{\mathrm{d}\varphi}{\mathrm{d}t}=R\omega$$

线速度的方向沿轨迹的切线方向，如图 4-9a 所示，即垂直于半径 OM，指向与 ω 转向一致。由上式可知，转动刚体上各点的线速度与它们的转动半径成正比。线速度沿半径的分布情况如图 4-9b 所示。

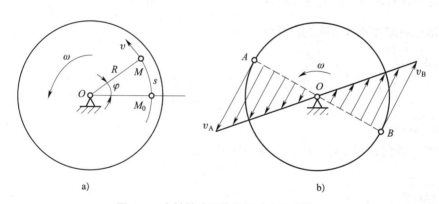

图 4-9　定轴转动刚体的线速度分布情况

2. 加速度

加速度是反映定轴转动刚体速度大小和方向变化的量，用字母 a 表示。

（1）切向加速度

切向加速度是反映速度大小变化的量，用字母 a_τ 表示，其大小为：

$$a_\tau=\frac{\mathrm{d}v}{\mathrm{d}t}=R\frac{\mathrm{d}\omega}{\mathrm{d}t}=R\varepsilon$$

即任一瞬时定轴转动刚体上任意一点的切向加速度的大小等于该点的转动半径与刚体的角加速度的乘积，其方向沿轨迹的切线方向（垂直于转动半径），指向与 ε 方向一致。

（2）法向加速度

法向加速度是反映速度方向变化的量，用字母 a_n 表示，其大小为：

$$a_n = \frac{v^2}{R} = R\omega^2$$

即任一瞬时定轴转动刚体上任意一点的法向加速度的大小等于该点的转动半径与刚体角速度平方的乘积，其方向沿半径指向圆心。

（3）全加速度

任一瞬时定轴转动刚体上点 M 的全加速度 a 的大小和方向为：

$$a = \sqrt{a_n^2 + a_\tau^2} = R\sqrt{\omega^4 + \varepsilon^2}$$

$$\tan\theta = \frac{|a_\tau|}{a_n} = \frac{|\varepsilon|}{\omega^2}$$

式中，θ 为全加速度与转动半径之间的夹角。

3. 特点

由以上分析可得到以下特点：

（1）转动刚体上各点的线速度、切向加速度、法向加速度、全加速度的大小都与转动半径成正比。同一瞬时转动半径上各点的线速度和加速度成线性分布。

（2）转动刚体上各点的线速度方向垂直于转动半径，其指向与角速度转向一致。

（3）转动刚体上各点的切向加速度垂直于转动半径，其指向与角加速度方向一致。

（4）转动刚体上各点的法向加速度的方向沿半径指向转轴。

（5）任一瞬时转动刚体上各点的全加速度与转动半径的夹角相同。

二、定轴转动刚体两种运动形式的特点

1. 匀速转动

$\varepsilon=0$，$\omega=$ 常数，即切向加速度 $a_\tau=0$，其加速度等于法向加速度，即：

$$a=a_n=R\omega^2$$

2. 匀变速转动

$\varepsilon=$ 常数，切向加速度和法向加速度均不等于零。

任务实施

通过学习上述知识，我们可以完成本节任务。

当圆轮按转动方程 $\varphi=-t^2+4t$ 转动时，通过绳子带动重物做上下往复运动，由前面学过的知识可知，重物做平动，其上各点的运动轨迹和速度、加速度都是相同的。圆轮绕轴 O 做定轴转动，因轮缘上的绳子与轮无相对滑动，所以圆轮上点 M 的线速度、切向加速度与重物的速度、加速度相等。

1. 圆轮在任一瞬时的角速度和角加速度为：

$$\omega = \frac{d\varphi}{dt} = -2t + 4$$

$$\varepsilon = \frac{d\omega}{dt} = \frac{d^2\varphi}{dt^2} = \omega'$$

2. 当 $t=1$ s 时，代入上式可得：$\omega=2$ rad/s，$\varepsilon=-2$ rad/s^2，该瞬时 ω 与 ε 反向，圆轮做减

速转动。

3. 轮缘上任意一点 M 的线速度和加速度为：

$$v=R\omega=0.4 \text{ m/s}$$

$$a_\tau = R\varepsilon = 0.2 \times (-2) \text{ m/s}^2 = -0.4 \text{ m/s}^2 \text{（与 } v \text{ 反向）}$$

$$a_n = R\omega^2 = 0.2 \times 2^2 \text{ m/s}^2 = 0.8 \text{ m/s}^2$$

4. M 点的全加速度及其偏角为：

$$a = \sqrt{a_\tau^2 + a_n^2} = \sqrt{(-0.4)^2 + (0.8)^2} \text{ m/s}^2 \approx 0.894 \text{ m/s}^2$$

$$\tan\theta = \frac{|a_\tau|}{a_n} = \frac{|-0.4|}{0.8} = 0.5$$

$$\theta = \arctan 0.5 \approx 26.6°$$

5. 重物的速度和加速度为：

$$v_A = v = 0.4 \text{ m/s}$$

$$a_A = a_\tau = -0.4 \text{ m/s}^2 \text{（与 } v_A \text{ 反向）}$$

思考与练习

1. 结合铣削加工实训，思考：用盘铣刀铣削工件时，若盘铣刀直径 d=125 mm，铣床主轴转速为 80 r/min，试求切削速度。若保持这一切削速度，改用直径 d=200 mm 的盘铣刀，试选择铣床主轴转速。

2. 结合车削加工实训，思考：用车刀车削一直径为 50 mm 的工件，根据刀具寿命选用最佳切削速度 v=52 m/min，应选用的主轴转速是多少？若工件直径为 1 200 mm，则相应的主轴转速又为多少？

材料力学基本知识

任务　材料力学的研究对象和任务

学习目标

1. 掌握变形固体的概念。
2. 掌握变形固体变形的方式。
3. 掌握杆件变形的基本形式。
4. 掌握构件的安全性指标。
5. 了解材料力学的任务。

任务描述

观察如图 5-1 所示的小型台钻，说明应对哪些构件提出强度要求，应对哪些构件提出刚度要求，应对哪些构件提出稳定性要求。

相关知识

一、材料力学的研究对象——变形固体

材料力学的研究对象是固体材料构件。这些构件一般由金属及其合金、工程塑料、复合材料、陶瓷、混凝土、聚合物等各种固体材料制成，它们在载荷作用下将产生变形，故简称变形固体。

变形固体的形状有很多，经过简化之后，大致可归纳为杆件、板、壳和块四类，如图 5-2 所示。

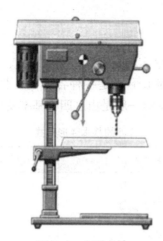

图 5-1　小型台钻

杆件：指纵向（长度方向）尺寸远大于横向（垂直于长度方向）尺寸的构件

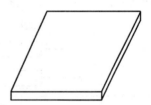

板：厚度远小于其他两个方向尺寸且中面（平分其厚度的面）是平面的构件

壳：厚度远小于其他两个方向尺寸且中面（平分其厚度的面）是曲面的构件

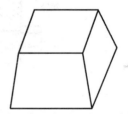

块：长、宽、厚三个方向上尺寸相差不大的构件

图 5-2　变形固体的形状

二、变形固体变形的方式

工程构件在工作时，会受到来自周围物体的力的作用，并发生相应的形状和尺寸的变化，这种变化即为变形。根据性质和程度的不同，变形可分为弹性变形和塑性变形两种方式，见表 5-1。

表 5-1　　　　　　　　　　　　　　变形固体变形的方式

弹性变形	塑性变形
任何构件受到外力作用后都会产生变形。当外力卸除后构件变形能完全消除的，称为弹性变形。材料这种能消除由外力引起的变形的性能，称为弹性 在工程中，一般把构件的变形限制在弹性变形范围内	如果外力作用超过弹性范围，卸除外力后，构件的变形就不能完全消除而残留一部分，这部分不能消除的变形称为塑性变形。材料的这种产生塑性变形的性能，称为塑性。在工程中，一般要求构件只发生弹性变形，不允许出现塑性变形

三、杆件变形的基本形式

在工程力学的研究中，遇到最多的是杆件，例如螺杆、圆轴、直梁等。不同的杆件受到不同形式的外力作用，产生的变形形式是各种各样的。杆件的基本变形形式有四种，见表 5-2。工程中比较复杂的杆件变形一般是由这四种基本变形形式构成的组合变形。

表 5-2   杆件的基本变形形式

变形形式	图示	说明
轴向拉伸或压缩	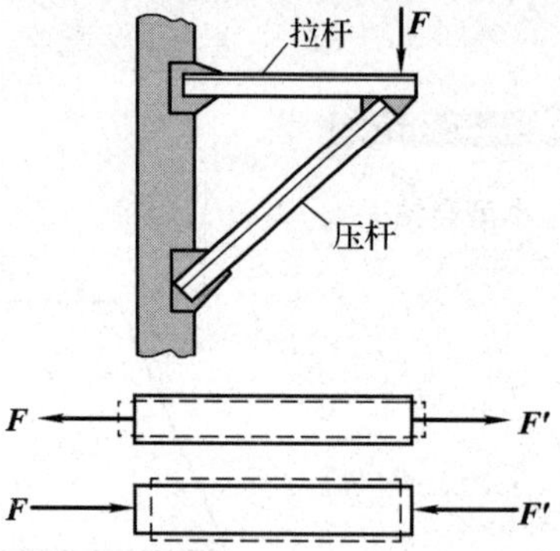	杆件受到沿轴线方向的拉力或压力作用，杆件变形是沿轴向的伸长或缩短
剪切	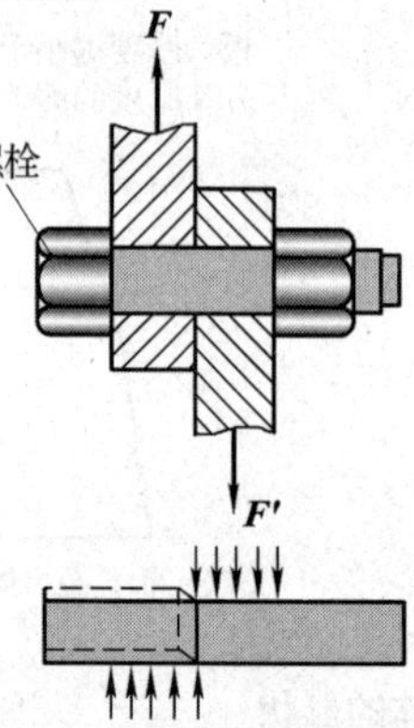	杆件受到大小相等、方向相反且相距很近的两个垂直于杆件轴线方向的外力作用，杆件在两个外力作用面之间发生相对错动变形
扭转	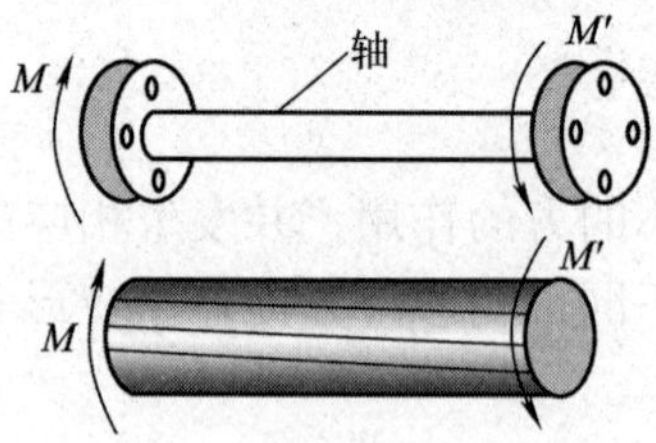	杆件受到一对大小相等、转向相反且作用面与杆件轴线垂直的力偶作用，两力偶作用面间的各横截面将绕轴线产生相对转动
弯曲	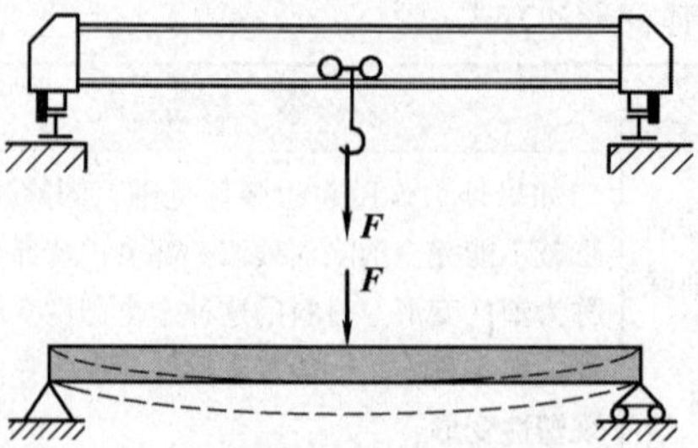	横向外力作用在包含杆件轴线的纵向对称面内，杆件轴线由直线弯曲成曲线

四、构件的安全性指标

为了保证工程结构的正常工作，在外力作用下的构件应具有足够的承载能力。它主要包括以下三个方面的要求。

1. 强度要求

强度是指构件抵抗破坏（断裂或塑性变形）的能力。

强度要求是指构件承受载荷作用后不发生破坏（不发生断裂或塑性变形）时，构件应具有的足够的强度。例如，起重用的钢丝绳应具有足够的强度，在起吊额定重量时不能断裂，如图 5-3 所示。

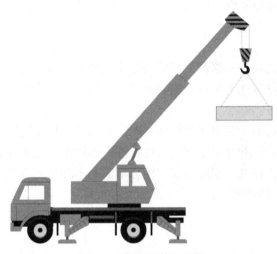

图 5-3　起重机起吊重物

2. 刚度要求

刚度是指构件抵抗弹性变形的能力。

刚度要求是指构件受载荷作用后不发生过大的变形时，构件应具有的足够的刚度。例如，车床主轴在运转过程中不能出现过大的变形，否则会影响工件的加工精度，如图 5-4 所示。

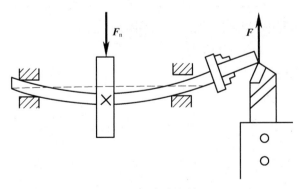

图 5-4　车床主轴

3. 稳定性要求

稳定性是指构件受外力作用时，维持其原有直线平衡状态的能力。

稳定性要求是指构件具有足够的稳定性，以保证在规定的使用条件下不致丧失稳定性而发生破坏。

例如，螺旋千斤顶中的螺杆（见图 5-5a）、内燃机配气机构中的挺杆（见图 5-5b），当压力增大到一定的程度时，杆件就会突然变弯，失去原有的直线平衡状态。

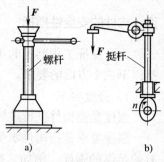

图 5-5　螺旋千斤顶和内燃机配气机构

综上所述，保证构件安全工作的三项安全性指标是构件必须具有足够的强度、刚度和稳定性。

五、材料力学的任务

一般来说，通过加大构件的横截面尺寸或选用优质材料等措施，可以有效提高构件的强度、刚度和稳定性。但过分加大构件的横截面尺寸或盲目选用优质材料，会造成材料的浪费和产品成本的增加。

作为一门学科，材料力学主要研究固体材料的宏观力学性能，以及工程结构元件与机械零件的承载能力。材料力学的任务是研究构件在外力作用下的变形与破坏规律，为设计既经济又安全的构件提供有关强度、刚度和稳定性分析的基本理论和方法。它对人类认识自然和解决工程技术问题起着重要的作用。

任务实施

通过学习上述知识，我们可以完成本节任务。

有强度要求的构件包括主轴、麻花钻等。

有刚度要求的构件包括主轴、立柱等。

有稳定性要求的构件包括工作台、底座等。

思考与练习

日常生活和机械工程中有哪些常见的变形固体？

轴向拉伸和压缩

任务一　轴向拉伸和压缩变形的外力与内力计算

学习目标

1. 掌握轴向拉伸和压缩变形的概念及受力特点。
2. 掌握轴向拉伸和压缩变形的外力和内力计算。
3. 掌握轴力图的概念及绘制方法。

任务描述

　　如图 6-1 所示为悬臂式起重机简图，杆 AB 和杆 BC 为受到轴向拉伸和压缩的构件，两杆铰接于 B 点，$\alpha=30°$，在铰接点 B 处悬吊一重力 $G=20$ kN 的重物，若不计杆 AB 和杆 BC 自重，试分析并计算杆 AB 和杆 BC 截面上的内力。

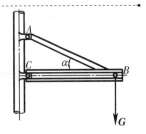

图 6-1　悬臂式起重机简图

相关知识

一、轴向拉伸和压缩变形的受力特点

　　如图 6-1 所示，杆 AB 和杆 BC 在不计自重的条件下，都是二力杆，其两端受到大小相等、方向相反的两个力作用而产生拉伸或压缩变形。

　　由此可见，轴向拉伸和压缩变形的受力特点：作用在直杆两端的合外力大小相等，方向相反，力的作用线与杆件的轴线重合，如图 6-2 所示。

二、轴向拉伸和压缩变形的变形特点

工程上把发生拉压变形的杆件简称为拉（压）杆。如图 6-3 所示，拉（压）杆的变形特点：两端在外力（集中力或合外力）作用下，沿轴线方向产生轴向伸长（或缩短），沿截面方向变细（或变粗）。

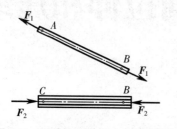

图 6-2　悬臂起重机中二力杆的受力

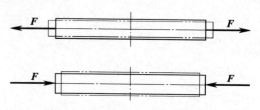

图 6-3　杆件拉压变形的力学模型

常见的发生拉压变形的构件有拉杆、撑杆、顶杆、活塞杆、钢缆等。

三、轴向拉伸和压缩的绝对变形与相对变形

1. 绝对变形

对直杆进行轴向拉伸或压缩时，其主要变形是轴向尺寸的改变，同时其截面方向尺寸也要发生改变。直杆在外力作用下轴向尺寸的改变量 Δl 称为绝对变形，也称为轴向变形。如图 6-4 所示，设杆的原长为 l，变形后长度为 l_1，则杆的绝对变形为：

$$\Delta l = l_1 - l$$

规定：拉伸时，Δl 为正；压缩时，Δl 为负。

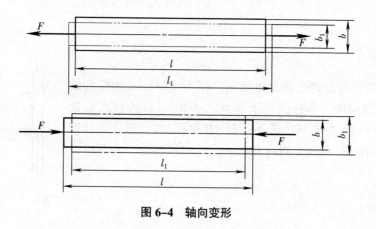

图 6-4　轴向变形

2. 相对变形

单位长度的轴向变形称为相对变形，也称轴向线应变，用 ε 表示，即：

$$\varepsilon = \Delta l / l$$

绝对变形 Δl 反映直杆变形的大小，而相对变形 ε 则反映直杆变形的程度。

四、轴向拉伸和压缩变形的内力计算

1. 内力的概念

物体受外力作用而发生变形时，其内部各质点因相对位置变化而产生抵抗变形的附加内力，简称内力。

内力是由外力作用引起的，外力消除，内力随之消失；内力随外力的增大而增大，但内力的增大是有限度的，超过这一限度，杆件就会发生破坏。

由于拉（压）外力与杆件轴线重合，其内力作用线也与杆件的轴线重合，故拉（压）杆的内力称为轴力。为区别拉、压两种变形，规定拉伸时的轴力为正，方向背离横截面；压缩时的轴力为负，方向指向横截面。

2. 内力的计算方法——截面法

截面法是指用假想的平面将杆件截开并分成两部分，以显示并确定内力的方法。用截面法求内力的步骤如下。

（1）截开

在要求内力的截面处，用假想的平面将杆件分成两部分。

（2）代替

移去一部分，保留另一部分，用内力代替移去部分对保留部分的作用。

（3）平衡

对保留部分建立平衡方程，运用静力学平衡方程求出未知内力。

截面法是材料力学中求内力的普遍方法，在讨论构件其他形式的变形时也要使用。

五、轴力图

1. 轴力图的概念

轴力图是用来表示轴力沿杆件轴线变化情况的图形。

2. 轴力图的作图方法

选用一直角坐标系，x 轴坐标方向表示杆件横截面的位置，y 轴坐标方向表示相应横截面上轴力的大小。规定轴力为拉力画在 x 轴上方，轴力为压力画在 x 轴下方。

3. 用截面法求轴力的规律

（1）轴力的大小等于截面一侧（左或右）所有外力的代数和。外力与截面外法线方向相反取正号，相同取负号。

（2）轴力得正值时，轴力的指向与截面外法线方向相同（离开截面），杆件受拉伸；轴力得负值时，轴力的指向与截面的外法线方向相反（指向截面），杆件受压缩。

任务实施

通过学习上述知识，我们可以完成本节任务。

1. 外力分析及计算

根据静力学知识分析，若不计自重，则杆 AB 和杆 BC 均为二力杆，如图 6-2 所示。取铰接点 B 为研究对象并画受力图，如图 6-5 所示。

由静力学平衡方程可得：

$$\sum F_x=0 \qquad F_2'-F_1'\cos\alpha=0$$

$$\sum F_y=0 \qquad F_1'\sin\alpha-G=0$$

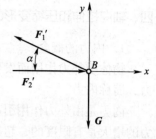

图6-5 铰接点 B 的受力图

解以上两式，根据作用力与反作用力公理可得杆 AB 和杆 BC 所受外力为：

$$F_1=F_1'=40 \text{ kN（拉力）}$$

$$F_2=F_2'\approx34.64 \text{ kN（压力）}$$

由上述结果可知：杆 AB 的变形为拉伸变形，杆 BC 的变形为压缩变形。

2. 内力分析及计算

（1）求杆 AB 内力

应用截面法求杆 AB 截面上的内力，如图 6-6 所示。

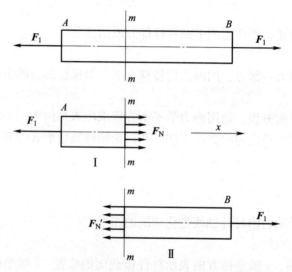

图6-6 截面法求杆 AB 内力

求得杆 AB 截面的内力 $F_N=40 \text{ kN}$，为拉力。

（2）求杆 BC 内力

应用截面法求杆 BC 截面上的内力，如图 6-7 所示。

求得杆 BC 截面的内力 $F_{N2}\approx34.64 \text{ kN}$，为压力。

3. 画轴力图

轴力图如图 6-8 所示。

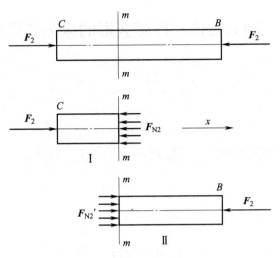

图 6-7 截面法求杆 BC 内力

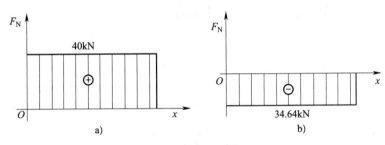

图 6-8 轴力图

a）杆 AB b）杆 BC

思考与练习

1. 找一找实训中拉（压）杆的实例，并进行简要描述。

2. 如图 6-9 所示的等截面直杆，$F_1=200$ kN，$F_2=100$ kN。求截面 1—1 和截面 2—2 上的内力 F_{N1} 和 F_{N2}。

3. 如图 6-10 所示，等截面直杆 AC 受已知力 P_1、P_2、P_3 的作用，且 $P_2=P_1+P_3$，其作用点分别是 A、B、C 点，求截面 1—1 和截面 2—2 上的轴力并画轴力图。

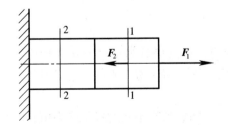

图 6-9 等截面直杆

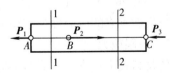

图 6-10 等截面直杆 AC

任务二　轴向拉伸和压缩变形的应力和强度计算

学习目标

1. 掌握应力的概念及相关知识。
2. 掌握胡克定律。
3. 掌握拉伸和压缩时的强度条件及计算方法。

任务描述

在如图 6-11a 所示的三角架中，杆 AB 为圆钢，杆 BC 为正方形横截面的型钢，边长 l_a=15 mm，铰接点 B 处承受铅垂载荷 F_P=20 kN，若不计自重，杆件的许用应力 $[\sigma]$=98 MPa，试校核杆 BC 的强度并确定杆 AB 所需的直径。

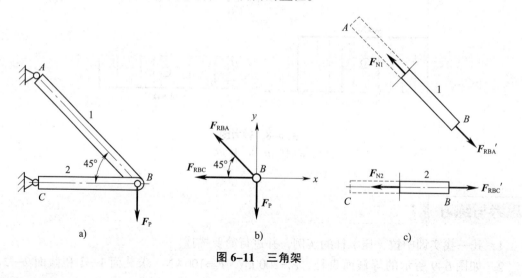

图 6-11　三角架

相关知识

一、应力的概念

1. 应力

构件在外力作用下，单位面积上的内力称为应力。应力可分为正应力 σ 和切应力 τ 两类。与截面垂直的应力称为正应力，与截面相切的应力称为切应力（或称为剪应力）。

2. 极限应力

使材料丧失正常工作能力的应力称为极限应力。不同材料有不同的极限应力值，它与材料的力学性能有关。通过材料力学性能的实验研究，可得到材料能够承受的极限应力指标。对于脆性材料，应力达到抗拉强度时会发生断裂；对于塑性材料，应力达到屈服强度时，就会因屈服而产生显著的塑性变形，导致结构或构件不能正常工作。屈服和断裂都是材料破坏的形式，故在进行强度设计时，分别以屈服强度和抗拉强度作为塑性材料和脆性材料的极限应力，如 Q235 钢的屈服强度为 235 MPa，抗拉强度为 400 MPa。

3. 许用应力

我们把构件材料在保证安全工作条件下允许承受的最大应力称为许用应力，用 $[\sigma]$ 和 $[\tau]$ 分别表示许用拉（压）应力和许用切应力。许用应力应当比材料的极限应力低一些，因为存在各种误差和工作中可能出现超负荷等情况，所以一般只能取极限应力的几分之一作为许用应力。工程设计中规定材料的许用应力等于其极限应力除以安全系数，或安全系数是极限应力与许用应力之比，即：

$$[\sigma] = \begin{cases} \text{屈服强度} /n\;(\text{塑性材料}) \\ \text{抗拉强度} /n\;(\text{脆性材料}) \end{cases}$$

式中，n 为安全系数，是一个大于 1 的数。将许用应力与极限应力之差作为安全储备，以期保证安全。

不同材料有不同的许用应力值，它与材料的力学性能有关。具体许用应力值可查阅有关手册。

4. 拉伸、压缩时的正应力

当杆件受到拉伸、压缩时，杆件单位横截面上的内力称为拉（压）应力。由于拉（压）应力是垂直于横截面的，所以拉（压）应力也称为正应力，如图 6-12 所示。受拉（压）的杆件，因为其外力和内力的合力都与轴线重合，变形主要沿轴线方向发生，且材料均匀，各点材料纤维纵向性质相同，所以可以认为杆件各点纵向变形是相等的，即杆件在受拉（压）时的内力在横截面上是均匀分布的，因而其应力的分布也是均匀的。

正应力的计算公式为：

$$\sigma = \frac{F_N}{A}$$

式中　σ——正应力，MPa；

　　F_N——横截面上内力的合力，N；

　　A——横截面面积，mm^2。

在工程计算中，应力的法定计量单位为 Pa（帕），即 N/m^2（牛/米^2）。应力单位常用 MPa，$1\ MPa = 10^6\ Pa$。

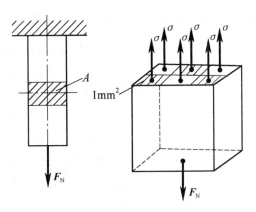

图 6-12　拉伸时的正应力

二、胡克定律

实验表明，工程中大多数材料在其弹性范围内（应力低于屈服强度）时，正应力 σ 与线应变 ε 成正比，其表达式为：

$$\sigma = E\varepsilon$$

式中，E 为比例系数，称为弹性模量，常用单位为 MPa 或 GPa（1 GPa=10^3 MPa）。各种材料的 E 值都是通过实验来测定的。

上式称为拉伸或压缩的胡克定律，适用于单向拉伸或压缩。在一定范围内，一点处的正应力同该点处的线应变成正比关系，即：在杆件材料及尺寸不变的情况下，外力增加，应力也相应增加，同时杆件变形也随之增加，即线应变增加。

对于承受拉伸或压缩的直杆，将 $\sigma = \dfrac{F_N}{A}$ 和 $\varepsilon = \Delta l / l$ 代入 $\sigma = E\varepsilon$ 中，可得到胡克定律的另一种表达式：

$$\Delta l = \frac{F_N l}{EA}$$

式中，Δl 为绝对变形量，F_N 为轴力，l 为杆长，E 为弹性模量，A 为杆件的横截面面积。

该式的应用条件：在杆长 l 范围内，F_N、E 和 A 均为常量。应用此关系式可计算杆件的绝对变形量，也可通过对变形的测定来求应力。

三、拉伸、压缩时的强度条件及应用

1. 拉伸、压缩时的强度条件

根据前述分析可知，为了保证受轴向拉伸、压缩的杆件具有足够的强度，必须要求杆件在工作时产生的实际工作应力不超过杆件材料的许用应力，故拉伸、压缩时的强度条件为：

$$\sigma = \frac{F_N}{A} \leqslant [\sigma]$$

式中，σ 为拉伸、压缩时的实际工作应力，$[\sigma]$ 为材料的许用应力。

2. 强度条件的应用

（1）强度校核

当已知杆件的横截面面积 A、材料的许用应力 $[\sigma]$ 以及所受的载荷 F_N 时，可用强度条件来判断杆件是否能够安全工作。当满足 $\sigma = \dfrac{F_N}{A} \leqslant [\sigma]$ 时，强度足够；否则强度不够。

（2）选择截面尺寸

若已知杆件所受载荷和所用材料，根据强度条件，可以确定该杆件所需的横截面面积，其值为 $A \geqslant F_N / [\sigma]$。

（3）确定许用载荷

若已知杆件尺寸（横截面面积 A）和材料的许用应力 $[\sigma]$，根据强度条件，可以确定该杆件所能承受的最大轴力，其值为 $F_N \leqslant [\sigma] A$，并由此及静力学平衡关系确定构件或结构所能承受的最大载荷。

任务实施

通过学习上述知识，我们可以完成本节任务。

1. 外力分析

三角架中的杆 AB 和杆 BC 均为二力杆，铰接点 B 的受力如图 6-11b 所示，列平衡方程。

由 $\sum F_x=0$ 得：

$$-F_{RBC}-F_{RBA}\cos45°=0$$

由 $\sum F_y=0$ 得：

$$F_{RBA}\sin45°-F_P=0$$

解以上两式，并应用作用力与反作用力公理，可得杆 AB 和杆 BC 所受外力为：

$$F_{RBA}'=F_{RBA}=\sqrt{2}\,F_P\approx1.414\times20\ kN=28.28\ kN（拉力）$$

$$F_{RBC}'=F_{RBC}=\frac{-F_{RBA}}{\sqrt{2}}=-20\ kN（压力）$$

2. 内力分析

如图 6-11c 所示，用截面法可求得两杆内力。杆 AB 和杆 BC 的轴力分别为：

$$F_{N1}=F_{RBA}'\approx28.28\ kN$$

$$F_{N2}=F_{RBC}'=-20\ kN$$

F_{N2} 为负号说明 F_{N2} 实际指向截面，即杆 BC 的轴力为压力。

3. 计算正应力

杆 AB 的横截面面积为：

$$A_1=\pi d^2/4$$

杆 BC 的横截面面积为：

$$A_2=l_a^2=15^2\ mm^2=225\ mm^2$$

杆 AB 和杆 BC 的正应力为：

$$\sigma_1=F_{N1}/A_1$$

$$\sigma_2=\frac{F_{N2}}{A_2}=\frac{-20\times10^3}{225}\ N/mm^2\approx-89\ N/mm^2=-89\ MPa（压应力）$$

4. 校核杆 BC 的强度

因为 $[\sigma]=98\ MPa$，杆 BC 的实际最大工作应力 $\sigma_2<[\sigma]$，所以杆 BC 的强度足够。

5. 确定杆 AB 的直径

根据强度条件 $\sigma=\dfrac{F_N}{A}\leq[\sigma]$，杆 AB 的横截面面积应满足以下条件才能安全工作，即：

$$A_1=\frac{\pi d^2}{4}\geq\frac{F_{N1}}{[\sigma]}\approx28.28\times\frac{10^3}{98}\ mm^2\approx288.6\ mm^2$$

得

$$d\geq\sqrt{\frac{4A_1}{\pi}}\approx\sqrt{\frac{4\times288.6}{3.14}}\ mm\approx19.2\ mm$$

根据计算结果，为使制造和使用方便，取杆 AB 直径为 20 mm。

思考与练习

1. 如图 6-13 所示，在圆钢杆上铣出一通槽。已知钢杆受拉力 F=15 kN 作用，钢杆直径 d=20 mm。试求截面 A—A 和截面 B—B 上的应力，并指出哪个截面是危险截面。

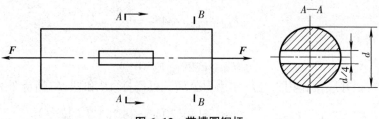

图 6-13　带槽圆钢杆

2. 图 6-14 中两钢板采用螺栓连接，已知螺栓的直径 d=16 mm，连接长度 L=125 mm，连接后的轴向变形 ΔL=0.1 mm，螺栓的弹性模量 E=200 GPa。试求：螺栓截面上的正应力 σ 及钢板所受的作用力 F_P 的大小。

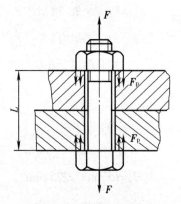

图 6-14　螺栓连接钢板

剪切和挤压

任务一　剪切及强度计算

学习目标

1. 掌握剪切受力及变形的特点。
2. 掌握抗剪强度的计算方法。

任务描述

如图 7-1 所示，两块钢板用铆钉连接在一起。已知铆钉的直径 $d=12$ mm，材料的许用切应力 $[\tau]=60$ MPa，钢板上作用的外力 $F=10$ kN，试校核铆钉的强度。若强度不够，则铆钉的直径应选取多大才能满足正常工作条件？

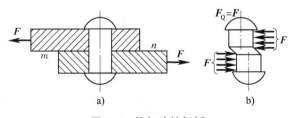

图 7-1　铆钉连接钢板

相关知识

一、剪切的概念

我们都有过使用剪刀的经验，当用剪刀剪纸板时，剪刀上下两个刃作用在纸板上，相当于对纸板施加了一对大小相等、方向相反、作用线平行的外力，使纸板由变形到剪断，我们把这种变形称为剪切变形。

在工程实际中，常常会遇到剪切问题，如铆钉、键、螺栓等各种连接件，如图 7-1、图 7-2、图 7-3 所示。

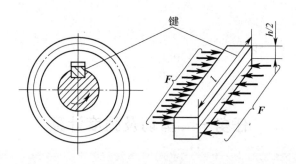

图 7-2 键连接

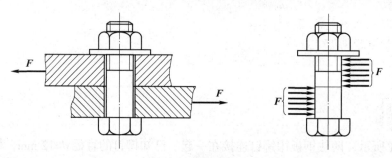

图 7-3 螺栓连接

1. 剪切变形的受力特点

从图 7-1 中可以看出，钢板将受到的外力传递到铆钉上，使铆钉的右上侧面和左下侧面受力 F 作用。两个侧面上的外力的合力大小相等、方向相反、作用线平行且相距很近，这就是剪切变形时构件的受力特点。

2. 剪切变形的变形特点

铆钉的上、下两部分将沿着外力的方向，在介于两作用力之间的各截面上，发生相对错动或有错动趋势，这就是剪切变形时的变形特点。当外力足够大时，将使铆钉沿截面 $m-n$（见图 7-1）被剪断。铆钉产生的这种变形就是剪切变形，产生相对错动的截面称为剪切面。

3. 剪切时的内力——剪力

分析剪切时的内力仍采用截面法。如图 7-4a 所示，沿着剪切面 $m-n$ 将铆钉杆部切开，取下段研究其平衡问题。可以看出，由于外力 F 垂直于铆钉轴线，因此，剪切面上必然存

在一个大小等于 F、方向与其相反的内力。由于剪切变形时剪切面上的内力与剪切面平行，故称为剪切力，也称剪力，用 F_Q 表示。剪力 F_Q 在横截面上的分布比较复杂，在工程实际中通常假定它是均匀分布的（见图 7-4b），它是剪切面上分布的内力的合力，由平衡方程可求得。

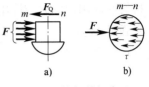

图 7-4　铆钉剪切变形

二、抗剪强度计算

1. 剪切应力的概念及计算

剪切时单位面积上的内力称为剪切应力，简称切应力，用符号 τ 表示，其数学表达式为：

$$\tau = \frac{F_Q}{A}$$

式中　τ——切应力，MPa；

F_Q——剪切时的内力，N；

A——剪切面的面积，mm^2。

2. 剪切面的判断和计算

在承受剪切作用的构件中，剪切面位于构成剪切的两力之间并平行于两力作用线。构件中只有一个剪切面的剪切称为单剪切，如图 7-1 中的铆钉；构件中有两个面承受剪切作用的剪切称为双剪切，如图 7-5 所示的拖车挂钩中销钉所受的剪切就是双剪切。在计算双剪切的剪力时，可用截面法截出中间部分，得剪力 $F_Q = \dfrac{F}{2}$，销钉剪切面的面积根据其形状计算得 $A = \dfrac{\pi d^2}{4}$。

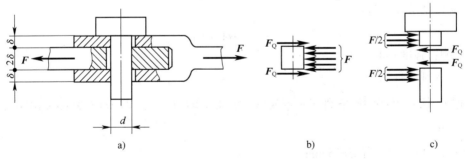

图 7-5　拖车挂钩的销钉连接

3. 剪切时的强度条件

为保证受剪的连接件在工作中不被剪断，必须使工作切应力 τ 不超过连接件材料的许用切应力 $[\tau]$，这就是剪切时的强度条件，其表达式为：

$$\tau = \frac{F_Q}{A} \leq [\tau]$$

式中，$[\tau]$ 为许用切应力。常用材料的许用切应力 $[\tau]$ 可从有关手册中查阅。一般来说，材料的许用切应力与许用正应力之间有一定的关系，所以工程计算上可利用下面的经验公式来确定 $[\tau]$。

塑性材料：

$$[\tau] = (0.6 \sim 0.8)[\sigma]$$

脆性材料：

$$[\tau] = (0.8 \sim 1.0)[\sigma]$$

式中，$[\sigma]$ 为许用正应力。

运用剪切的强度条件同样可以解决抗剪强度校核、选择截面尺寸、确定许用载荷三类强度计算问题。

任务实施

通过学习上述知识，我们可以完成本节任务。

1. 分析铆钉的受力情况

如图 7-1a 所示，钢板将受到的外力传递到铆钉上，使铆钉的右上侧面和左下侧面受力，如图 7-1b 所示。两个侧面上外力的合力大小相等、方向相反、作用线平行且相距很近。根据受力分析可知铆钉受剪切作用，是单剪切。

2. 铆钉剪切变形时内力的计算

根据平衡条件 $\sum F_x = 0$ 得 $F - F_Q = 0$，所以 $F_Q = F = 10$ kN。

3. 铆钉剪切变形时应力的计算

设 A 为剪切面的面积，则 $A = \pi d^2/4 \approx 3.14 \times 12^2$ mm^2/4 = 113.04 mm^2。

根据公式可得剪切应力 τ 为：

$$\tau = F_Q/A = 10 \times 10^3 \text{MPa}/113.04 \approx 88.46 \text{ MPa}$$

4. 铆钉抗剪强度校核

$$\tau > [\tau] = 60 \text{ MPa}$$

所以铆钉强度不够。

5. 选取铆钉直径

根据剪切时的强度条件 $\tau = \dfrac{F_Q}{A} \leq [\tau]$ 可知 $A \geq F_Q/[\tau]$，即 $\pi d^2/4 \geq 10 \times 10^3/60$，解得 $d \geq 14.57$ mm。

圆整后，取铆钉直径 $d = 15$ mm。

思考与练习

1. 在工程实际中，剪切破坏常被用来加工成形零件，称为剪切加工，如剪切机剪切钢板、冲床冲孔等（见图 7-6、图 7-7），试分析此时工作切应力 τ 与许用切应力 $[\tau]$ 之间的关系。

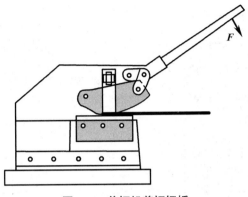

图 7-6　剪切机剪切钢板

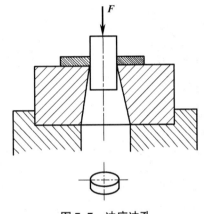

图 7-7　冲床冲孔

2. 如图 7-7 所示的冲床，已知 F_{max}=400 kN，冲头 $[\sigma]$=400 MPa，冲剪钢板的许用切应力 $[\tau]$=360 MPa，试根据强度条件计算冲头的最小直径 d 及钢板厚度最大值 t。

任务二　挤压及强度计算

学习目标

1. 掌握挤压变形的受力及变形的特点。
2. 掌握挤压强度的计算方法。

任务描述

如图 7-8a 所示为起重机上的吊钩，吊钩的厚度 δ=15 mm，已知起重最大载荷 F=120 kN，插销材料的许用切应力 $[\tau]$=60 MPa，许用挤压应力 $[\sigma_{jy}]$=180 MPa，试按强度条件确定插销的直径 d。

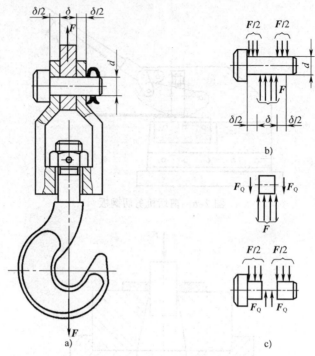

图 7-8 吊钩

相关知识

一、挤压的概念

我们大多数人都有过雨天走泥路的经验，当我们的脚踩在泥土上时会留下脚印，甚至会陷入地面里，这是地面因为受到人体的重力作用而局部产生的压溃现象，这种现象称为挤压。在工程实际中，构件在承受剪切的同时，往往还伴随着挤压现象。

观察如图 7-9 所示的螺栓连接，螺栓除了发生剪切破坏外，当中间板或耳片的孔边距不够时，还会有被剪豁的可能（见图 7-9c）。在伴随剪切破坏的同时，螺栓与耳片或中间板之间发生相互挤压，当挤压力过大时，螺栓可能被局部压扁，或者孔变成椭圆形，且孔壁边缘起"皱"（见图 7-9d）。

1. 挤压变形的受力特点

在工程实际中，构件一般在发生剪切变形的同时也受到挤压的作用。如图 7-9 所示的连接螺栓和图 7-10 所示的铆钉连接、键连接等连接件，因受力相互压紧而产生挤压作用，当接触处的挤压力过大时，在连接件和被连接件的接触面上及其邻近的局部区域内产生局部压陷现象，这种变形称为挤压变形。构件上产生挤压变形的表面称为挤压面，挤压面上的作用力称为挤压力（对于相接触的两者而言，挤压力并不是内力），记作 F_{jy}。

挤压变形的受力特点：在接触面间承受着压力，如铆钉和孔壁间、键和键槽壁间都有相互作用的压力。只需将相互挤压的两物体分离开，任取其一进行研究，即可由平衡方程确定挤压力 F_{jy}，如图 7-10 所示。

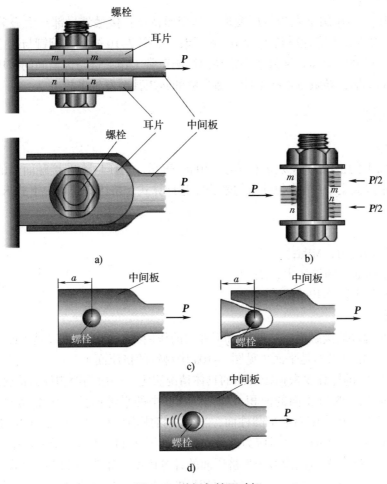

图 7-9 剪切与挤压破坏

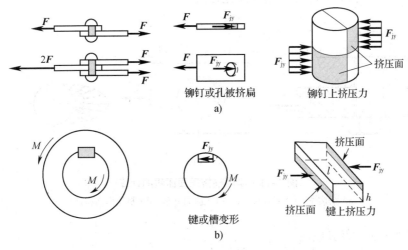

图 7-10 挤压、挤压面和挤压力

2．挤压变形的变形特点

构件在挤压力的作用下发生挤压变形，其变形特点：接触处局部产生显著的塑性变形（塑性材料）或被压碎（脆性材料），即压溃现象。如图 7-10 所示，铆钉与孔之间的挤压会使铆钉和孔的圆形截面变扁，导致连接松动而影响正常工作；键与键槽间的挤压过大会造成键或键槽的局部变形，导致键连接不能传递足够的转矩甚至发生事故。

二、挤压强度计算

1．挤压应力

单位挤压面上的挤压力称为挤压应力，用 σ_{jy} 表示。挤压应力在接触面上的分布比较复杂，工程上通常以假定 σ_{jy} 是均匀分布的来建立其计算式，挤压应力可由下式求出：

$$\sigma_{jy} = \frac{F_{jy}}{A_{jy}}$$

式中　　σ_{jy}——挤压应力，MPa；

　　　　F_{jy}——挤压面上的挤压力，N；

　　　　A_{jy}——挤压面的面积，mm^2。

2．挤压面

挤压面是两构件的接触面，一般垂直于外力的作用线。挤压面可以是平面（见图 7-10b 中键的挤压面），也可以不是平面（见图 7-10a 中铆钉的挤压面）。

挤压面面积 A_{jy} 的计算要根据接触面的具体情况决定。一般当两构件的接触面是平面时，可以接触面的面积作为挤压面的面积，如图 7-10b 中的平键连接，其 $A_{jy}=lh/2$。对于螺栓、销、铆钉等连接件，其挤压面为半圆柱面，半圆柱挤压面面积的计算如图 7-11 所示。根据理论分析，在半圆柱挤压面上挤压应力的分布情况如图 7-11c 所示，最大挤压应力在半圆弧的中点处，如果用挤压面的正投影作为挤压面的计算面积，如图 7-11d 所示的过圆柱直径的阴影平面，即 $A_{jy}=dl$，挤压力 F_{jy} 除以这个面积得的结果，与按理论分析所得的最大挤压应力值相近，因此，在实际计算中可采用此简化方法。

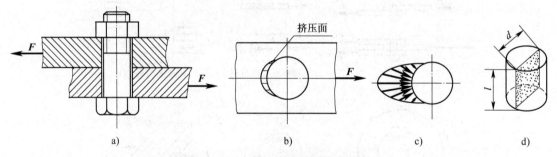

图 7-11　半圆柱挤压面面积的计算

a）结构图　b）挤压面　c）挤压应力分布　d）挤压面面积计算

3．挤压强度条件及其应用

为了保证构件在工作中局部不产生挤压塑性变形，必须使工作挤压应力不超过材料的许用挤压应力，这就是挤压时的强度条件，其表达式如下：

$$\sigma_{jy} = \frac{F_{jy}}{A_{jy}} \leqslant [\sigma_{jy}]$$

式中，$[\sigma_{jy}]$ 是材料的许用挤压应力，其数值可查阅有关手册。通常对钢材可取 $[\sigma_{jy}] = (1.7 \sim 2)[\sigma]$。

运用挤压强度条件，可以进行强度校核、尺寸计算、确定许用载荷三类强度计算。

任务实施

通过学习上述知识，我们可以完成本节任务。

1. 选取插销为研究对象，画受力图如图 7-8b、c 所示，计算剪力。

$$F_Q = F/2 = 120 \text{ kN}/2 = 60 \text{ kN} = 60 \times 10^3 \text{ N}$$

2. 按抗剪强度条件计算插销直径。

$$A = \pi d^2/4$$

$$\tau = F_Q/A = F_Q/(\pi d^2/4) \leqslant [\tau]$$

$$d \geqslant \sqrt{\frac{4F_Q}{\pi[\tau]}} \approx \sqrt{\frac{4 \times 60 \times 10^3}{3.14 \times 60 \times 10^6}} \text{ m} \approx 0.035\ 7 \text{ m}$$

即

$$d \geqslant 35.7 \text{ mm}$$

3. 按挤压强度条件计算插销直径。

$$A_{jy} = \delta d, \quad F_{jy} = F$$

$$\sigma_{jy} = F_{jy}/A_{jy} = F/(\delta d) \leqslant [\sigma_{jy}]$$

$$d \geqslant F/(\delta[\sigma_{jy}]) = 120 \times 10^3 \text{ mm}/(15 \times 180) \approx 44.4 \text{ mm}$$

为了保证插销安全工作，必须同时满足抗剪强度和挤压强度条件，故插销最小直径应取 45 mm。

思考与练习

1. 试述挤压和压缩之间的关系和区别。

2. 试指出如图 7-12 所示构件的挤压面，并计算其挤压面的面积。

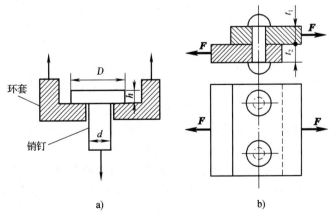

环套

销钉

a)   b)

图 7-12　销钉连接

任务三　连接件的设计

学习目标

1. 掌握连接件的破坏形式。
2. 掌握连接件的强度校核方法。
3. 了解提高连接件强度的措施。

任务描述

在工程结构中，常常用螺栓、铆钉、销钉等将构件相互连接在一起，成为连接件。如图 7-13a 所示的多钉接头采用铆钉连接，已知板宽 b=80 mm，板厚 t=10 mm，铆钉直径 d=20 mm，铆钉、板材料的许用应力均为许用正应力 $[\sigma]$=150 MPa，许用挤压应力 $[\sigma_{jy}]$=200 MPa，许用切应力 $[\tau]$=120 MPa，传递载荷 F=100 kN，试校核接头强度。

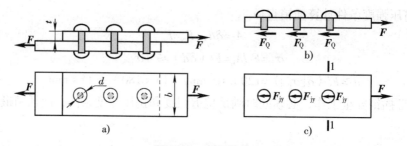

图 7-13　多钉接头

a）铆钉连接　b）铆钉受剪切　c）上板受力图

相关知识

一、连接件的破坏形式

用螺栓、铆钉、销钉等方式将两个或两个以上构件相互连接在一起，即成为连接件。

如图 7-14 所示为简单双剪连接接头。如图 7-14a 所示为中间板受力图，中间板在孔边受到挤压，挤压力 F_{jy}=2F，孔边可能发生挤压破坏；同时中间板还承受拉伸，轴力 F_N=2F，可能在危险截面 1—1 处发生破坏。如图 7-14b 所示为上板受力图，同样可能在孔边发生挤压破坏，或因受拉伸在危险截面 2—2 处发生破坏。如图 7-14c 所示为铆钉受力图，上有三个挤压面可能发生挤压破坏，两个剪切面可能发生剪切破坏，上、下两处受挤压力 F_{jy}=F 作用，中间挤压面上的挤压力 F_{jy}=2F，两个剪切面上的剪力均为 F_Q=F。

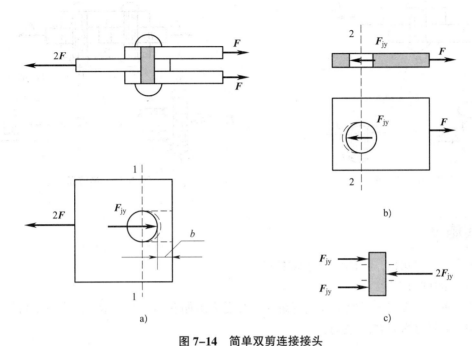

图 7-14　简单双剪连接接头

a）中间板受力图　b）上板受力图　c）铆钉受力图

故连接件的接头可能的破坏形式有三种：连接件（如铆钉、螺栓等）沿剪切面的剪切破坏；连接件（如铆钉、销钉等）和被连接件（如板、杆等）接触面的挤压破坏；被连接件（如板、杆等）的拉压破坏。

二、连接件的强度校核方法

因连接件与被连接件的破坏形式有三种，故在连接件的强度设计中，应当注意校核拉压、剪切和挤压三种强度问题。

此外，被连接件还必须有足够的孔间距和孔边距尺寸，否则可能因孔间距或孔边距（如图 7-14a 中的尺寸 b）不足而发生剪切破坏。工程设计中一般规定孔间距和孔边距尺寸应不小于孔径的 1.5 倍。

三、提高连接件强度的措施

1. 通过增加连接件数量，加大承载面积，提高连接件强度（见图 7-12b、图 7-15）。

2. 通过增加连接件剪切面的数量，加大承载面积，提高连接件强度（见图 7-16、图 7-17）。

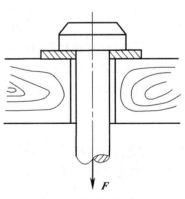

图 7-15　加大承载面积

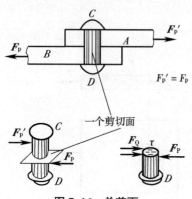

图 7-16 单剪面

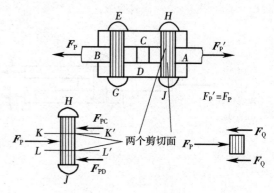

图 7-17 多剪面

任务实施

通过学习上述知识，我们可以完成本节任务。

1. 铆钉的抗剪强度

沿剪切面将接头切开，取上部进行研究，其受力图如图 7-13b 所示。假定三个铆钉的连接状态相同，剪力均为 F_Q，则有：

$$3F_Q=F$$

即

$$F_Q=F/3$$

剪切面的面积 $A=\pi d^2/4$，故切应力为：

$$\tau = \frac{F_Q}{A} = \frac{4F}{3\pi d^2} = \frac{4 \times 100 \times 10^3}{3\pi \times 20^2} \text{ MPa} \approx 106 \text{ MPa} < [\tau] = 120 \text{ MPa}$$

可见，铆钉的抗剪强度足够。

2. 铆钉和板的挤压强度

铆钉和板孔边挤压，挤压面相同，又因材料相同，故只需校核铆钉或板任一处即可。上板受力图如图 7-13c 所示，挤压力 $F_{jy}=F/3$，挤压面的面积 $A_{jy}=td$，故有：

$$\sigma_{jy} = \frac{F_{jy}}{A_{jy}} = \frac{F}{3td} = \frac{100 \times 10^3}{3 \times 10 \times 20} \text{ MPa} \approx 167 \text{ MPa} < [\sigma_{jy}] = 200 \text{ MPa}$$

可见铆钉和板孔边的挤压强度也足够。

3. 板的抗拉强度

上板轴力如图 7-13c 所示，危险截面在 1—1 处。

$$\sigma_{1-1} = \frac{F}{t(b-d)} = \frac{100 \times 10^3}{10 \times (80 - 20)} \text{ MPa} \approx 167 \text{ MPa} > [\sigma] = 150 \text{ MPa}$$

可见板的抗拉强度不足。

为满足强度要求，可重新设计板的尺寸。若板厚 t 不变，则可增大板宽 b。

由 $\sigma_{1-1} = \dfrac{F}{t(b-d)} \leqslant [\sigma]$，得 $b-d \geqslant \dfrac{F}{t[\sigma]}$

故可得 $b \geqslant d + \dfrac{F}{t[\sigma]} = 20 \ \text{mm} + \dfrac{100 \times 10^3}{10 \times 150} \ \text{mm} \approx 86.7 \ \text{mm}$

思考与练习

1. 工程中通过增加连接件数量或加大承载面积来提高连接件强度的实际应用有哪些？请加以阐述。

2. 如图 7–18 所示，某机械中的一根轴与齿轮是用平键连接的。已知轴径 $d=50 \ \text{mm}$，键的尺寸为 $b=16 \ \text{mm}$，$h=10 \ \text{mm}$，$l=50 \ \text{mm}$，轴传递的转矩 $M=0.5 \ \text{kN} \cdot \text{m}$，键的许用切应力 $[\tau]=60 \ \text{MPa}$，许用挤压应力 $[\sigma_{jy}]=100 \ \text{MPa}$，试校核该键的强度。

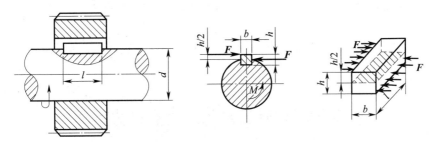

图 7–18 平键的受力分析

圆轴扭转

任务一 扭转变形的外力和内力计算

学习目标

1. 掌握扭转变形的特点。
2. 掌握转矩的计算方法。
3. 掌握扭矩的概念及扭矩图的绘制方法。

任务描述

图 8-1a 为传动轴（圆轴）示意图，其主动轮 A 的输入功率 $P_A=36\,kW$，从动轮 B、C、D 的输出功率分别为 $P_B=P_C=11\,kW$，$P_D=14\,kW$，轴的转速 $n=300\,r/min$。试求传动轴指定截面 1—1、2—2、3—3 上的扭矩，并作出扭矩图。

相关知识

一、扭转变形的受力特点和变形特点

我们在日常生活中都有过双手拧毛巾的经验，在拧毛巾时，我们的双手施加给毛巾的就是扭转作用力，毛巾产生的变形就是扭转变形。在工程中常见的发生扭转变形的构件是轴类零件。

观察图 8-2，由电动机发出的动力经带轮传递给主动轮 A，带动圆轴一起旋转。工作时轮 A 的输入功率受到主动力偶矩 M_A 的作用，轮 B 的输出功率受到阻抗力偶矩 M_B 的作用，因为圆轴处于平衡状态，所以主动力偶矩 M_A 和阻抗力偶矩 M_B 必然大小相等、转向相反。

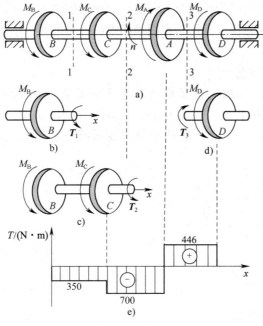

图 8-1 传动轴

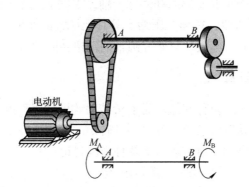

图 8-2 生产实践中的传动轴

1. 扭转变形的受力特点

在生产实践中，类似图 8-2 所示的传动轴发生扭转变形的构件很多，例如汽车转向盘的轴（见图 8-3a）、用于攻螺纹的丝锥（见图 8-3b）等，都是发生扭转变形的实例。

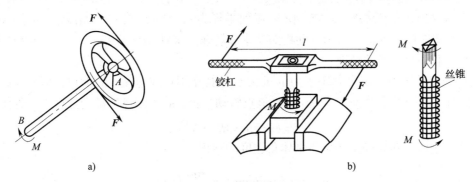

图 8-3 扭转变形实例

上述这些发生扭转变形的构件的受力情况可简化为如图8-4所示的圆轴扭转简图，从图中可以看出扭转变形的受力特点：作用在圆轴两端的一对力偶大小相等、方向相反，力偶的作用面垂直于圆轴的轴线。

2. 扭转变形的变形特点

在上述受力情况下，圆轴上各横截面将绕其轴线发生相对转动。任意两横截面间相对转过的角度称为相对扭转角，简称扭转角，用 ϕ 表示。如图8-5所示，ϕ_{AB} 表示截面 B 相对于截面 A 的扭转角。因此，扭转变形的变形特点：圆轴上各横截面绕轴线发生相对转动。

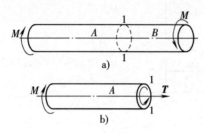

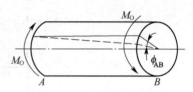

图8-4　圆轴扭转简图　　　　　　　　　　图8-5　扭转及扭转角

工程中把以扭转变形为主要变形的杆件称为轴，工程上大多数轴在传动过程中除了有扭转变形外，往往还伴随着弯曲、拉伸（压缩）等其他形式的变形，这类变形属于组合变形，将在本书模块十中进行研究。本模块只研究圆轴的纯扭转问题。

二、圆轴传动外力偶矩的计算

圆轴传动时，外力偶矩（也称转矩）是度量转动效果强弱程度的物理量，如拧机械式钟表的发条、电动机带动主动轮转动等，都会涉及转矩的概念。在工程计算中，作用在传动轴上的转矩往往不是直接给出的，通常按以下两种情况讨论：

1. 已知传动带张力或齿轮作用力，求转矩

如图8-6所示为一转动的刚体，已知 F 为切向力，r 为转动半径，则转矩等于力 F 对转轴的矩，常用符号 M 表示，即：

$$M=Fr$$

式中，F 的单位为 N，r 的单位为 m，转矩的单位为 N·m。

2. 已知轴的传递功率和转速，求转矩

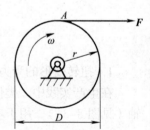

图8-6　已知力和转动
半径求转矩

如图8-7所示的钢制实心圆轴 AB 的截面半径为 r，A 端连接一电动机，B 端连接一齿轮，已知电动机的功率和转速，求轴 AB 的转矩。这是工程中最常见的情况。

根据物理学知识，功率 P 等于力 F 的大小与其作用点线速度 v 的乘积，即 $P=Fv$。对于转动的刚体，其上某点线速度 $v=r\omega$（r 为该点转动半径，ω 为刚体转动角速度），则有：

$$P=Fv=Fr\omega=M\omega　（\text{W}）$$

即转动刚体的功率等于转矩与刚体角速度的乘积。

因为　　　　　　　　　　$\omega=2\pi n　（\text{rad/min}）=\dfrac{\pi n}{30}　（\text{rad/s}）$

所以 $P=M\omega=\dfrac{M\pi n}{30}$（W）$=\dfrac{M\pi n}{30\times1\,000}$（kW）$\approx\dfrac{Mn}{9\,550}$（kW）

可以得到转动刚体的功率、转速、转矩之间的定量关系式：

$$M=9\,550\dfrac{P}{n}$$

式中，功率 P 的单位为 kW，转矩 M 的单位为 N·m，转速 n 的单位为 r/min。

由上式不难看出，功率 P 一定时，轴所承受的转矩 M 与其转速 n 成反比，即转速越高，转矩越小；反之，转速越低，转矩越大。

在确定转矩 M 的转向时，凡输入功率的主动转矩，其转向与轴的转向一致；凡输出功率的从动转矩，其转向与轴的转向相反。

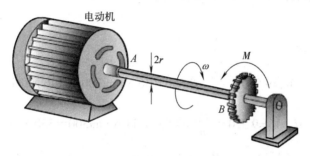

图 8-7　已知传递功率和转速求转矩

三、扭矩和扭矩图

1. 圆轴扭转时的内力——扭矩 T

根据之前学过的知识，我们知道，力偶只能由力偶来平衡。所以，当轴发生扭转变形时，其横截面上的内力是一个在横截面平面内的力偶，此内力偶矩称为该截面上的扭矩。扭矩的单位与转矩的单位相同，常用的单位为 N·m。

求解扭矩仍用截面法。为了使从两段轴上求得的扭矩数值和符号完全相同，对扭矩的符号规定如下：按照右手螺旋法则把扭矩 T 表示为矢量，弯曲的右手四指表示扭矩 T 的转向，拇指的指向代表扭矩 T 的矢量方向。若扭矩的矢量指向离开截面，则扭矩 T 为正，反之为负，如图 8-8 所示。这样一来，无论取哪一段作为研究对象，其同一截面上左、右两侧的扭矩大小与符号就完全相同了。

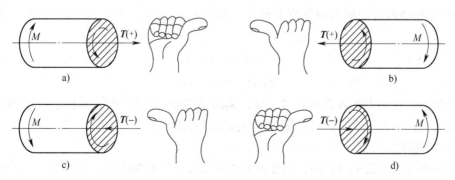

图 8-8　用右手螺旋法则规定扭矩的符号

2. 扭矩图

为了清楚地表示扭矩沿轴线的变化情况，以便于分析最大扭矩 T_{max} 所在截面的位置，通常以横坐标表示截面的位置，纵坐标表示扭矩的大小，绘出扭矩随截面位置变化的曲线。扭矩为正时，曲线画在横坐标上方；扭矩为负时，曲线画在横坐标下方。这种表示扭矩沿轴线变化情况的曲线称为扭矩图。扭矩图与轴力图一样，应画在载荷图的对应位置，以便进行观察和分析，如图 8-1e 所示。

任务实施

通过学习上述知识，我们可以完成本节任务。

1. 计算转矩

由 $M=9\,550\,\dfrac{P}{n}$ 可得：

$$M_A=9\,550\times\frac{P_A}{n}=9\,550\times36\ \text{N}\cdot\text{m}/300=1\,146\ \text{N}\cdot\text{m}$$

$$M_B=M_C=9\,550\times\frac{P_B}{n}=9\,550\times11\ \text{N}\cdot\text{m}/300\approx350\ \text{N}\cdot\text{m}$$

$$M_D=9\,550\times\frac{P_D}{n}=9\,550\times14\ \text{N}\cdot\text{m}/300\approx446\ \text{N}\cdot\text{m}$$

2. 用截面法求扭矩

（1）BC 段

沿截面 1—1 将轴截开，取左段为研究对象，沿正向假设截面扭矩为 T_1，如图 8-1b 所示。列平衡方程可得 1—1 截面扭矩 T_1：

$$\sum M_i=T_1+M_B=0$$

$$T_1=-M_B\approx-350\ \text{N}\cdot\text{m}$$

（2）CA 段

截取研究对象如图 8-1c 所示，列平衡方程可得 2—2 截面扭矩 T_2：

$$\sum M_i=T_2+M_B+M_C=0$$

$$T_2=-（M_B+M_C）\approx-700\ \text{N}\cdot\text{m}$$

（3）AD 段

沿截面 3—3 截开后取右段为研究对象，如图 8-1d 所示，列平衡方程可得 3—3 截面扭矩 T_3：

$$\sum M_i=T_3-M_D=0$$

$$T_3=M_D\approx446\ \text{N}\cdot\text{m}$$

应当指出，在求以上各截面的扭矩时，采用了"设正法"，即截面扭矩按正向假设，若所得结果为负，则表示该扭矩的实际方向与假设的方向相反。

3. 作扭矩图

由于轴各段内的扭矩均相同，因此由上述结果可以作出如图 8-1e 所示的扭矩图。

思考与练习

1．在铣削加工实训中，按如图 8-9 所示方式铣削工件平面，已知铣刀直径 $D=400\,\text{mm}$，主轴转速 $n=150\,\text{r/min}$，铣削时功率 $P=1.2\,\text{kW}$，试求主轴的转矩和切削力。

2．一传动轴如图 8-10 所示，主动轮 A 的输入功率 $P_A=50\,\text{kW}$，从动轮 B、C 的输出功率分别为 $P_B=30\,\text{kW}$，$P_C=20\,\text{kW}$，轴的转速 $n=300\,\text{r/min}$，试求轴上截面 1—1 和截面 2—2 处的扭矩。

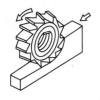

图 8-9　铣削工件

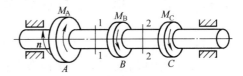

图 8-10　传动轴

任务二　扭转变形的应力和强度计算

学习目标

1．掌握圆轴扭转变形和破坏的特点。
2．掌握圆轴扭转时的应力及其分布规律。
3．掌握圆轴扭转的强度条件及计算方法。
4．了解提高圆轴扭转强度的主要措施。

任务描述

如图 8-11 所示为一钢制实心圆轴，已知转速 $n=300\,\text{r/min}$，主动轮 A 的输入功率 $P_A=400\,\text{kW}$，三个从动轮的输出功率分别为 $P_B=P_C=120\,\text{kW}$，$P_D=160\,\text{kW}$，轴的许用切应力 $[\tau]=30\,\text{MPa}$，试按强度条件设计轴的直径。

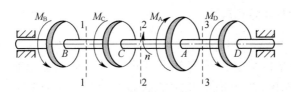

图 8-11　钢制实心圆轴

相关知识

一、圆轴扭转时的变形和破坏特点

根据所观察到的圆轴表面的变形现象，可以设想圆轴是由一系列刚性截面（横截面）组成的，在扭转过程中，相邻两刚性横截面只是绕轴线发生相对转动。这种一部分相对于另一部分产生的相对错动变形与前面所学的剪切变形性质相同。

于是可作出如下假设：圆轴的横截面变形后仍保持为平面，其形状和大小不变（半径尺寸不变且仍为直线），相邻两横截面间的距离不变。这一假设称为圆轴扭转的刚性平面假设。

塑性材料轴受扭时，首先发生屈服，此时圆轴表面出现许多横向和纵向滑移线（见图 8-12a），如果继续增大转矩，圆轴将沿横截面被剪断（见图 8-12b）。所以对于塑性材料轴而言，屈服就意味着破坏。而脆性材料轴受扭时，将会沿着与轴线成 45° 的螺旋面发生断裂（见图 8-12c）。

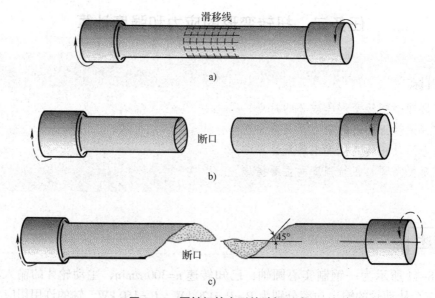

图 8-12　圆轴扭转变形的破坏形式

二、圆轴扭转时的应力及其分布规律

1. 圆轴扭转时的应力——切应力

由图 8-12 扭转变形的破坏形式可知，变形前后各横截面沿轴线所处的位置没有变化，即轴向变化量 $\Delta l = 0$，故可证明此时横截面上无正应力 σ 存在。圆轴扭转变形破坏后，发生的变化仅仅是相当于各横截面都绕轴线转过了一个相应的角度，这种一部分相对于另一部分产生的相对错动变形与剪切变形性质相同，于是可知扭转时圆轴横截面上的应力为切应力。

2．圆轴扭转时应力的分布规律

由于圆轴扭转变形时各横截面相对于另一部分错动了一个相应的角度，因此，在横截面上产生切应力，又因半径长度不变，故切应力方向必与半径垂直。这些切应力形成一个力偶矩与转矩平衡，如图 8-13 所示。

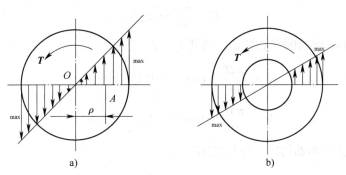

图 8-13　圆轴扭转时的应力分布
a）实心圆轴　b）空心圆轴

横截面上离轴线越远的部分变形越大，即越靠近外圆处切应力就越大，中心处切应力等于零。由此得到圆轴扭转时横截面上切应力的分布规律：横截面上某点的切应力与该点至圆心的距离成正比，方向与过该点的半径垂直，圆心处切应力为零，圆周上切应力最大。

三、圆轴扭转时的应力计算

从图 8-13 可以看出，横截面上任意一点 A 的切应力 τ 与扭矩 T 及该点至圆心的距离 OA（通常用 ρ 表示）成正比。根据静力学关系等可推导出切应力的计算公式为：

$$\tau = \frac{T\rho}{I_\rho}$$

式中　T——横截面上的扭矩，$N \cdot mm$；

　　　ρ——横截面上任意一点的半径，mm；

　　　I_ρ——横截面的极惯性矩，表示横截面的几何性质，它的大小与横截面形状和尺寸有关，mm^4 或 cm^4。

当 $\rho = R$ 时，切应力最大，即：

$$\tau_{max} = \frac{TR}{I_\rho}$$

为了应用方便，可将 R 与 I_ρ 合并成一个量，令 $I_\rho / R = W_n$，于是得到圆轴扭转时横截面上的最大切应力为：

$$\tau_{max} = \frac{T}{W_n}$$

式中，W_n 是表示横截面抵抗扭转变形能力的一个几何量，称为抗扭截面系数，其单位为 mm^3 或 cm^3。显然，在相同大小扭矩 T 的作用下，W_n 越大，则产生的切应力越小，表示横截面抵抗扭转变形的能力越强。

I_ρ、W_n 的大小与横截面的结构、形状及尺寸大小有关，不同的横截面结构有不同的计算公式。对于如图 8-14a 所示的实心圆轴，其 I_ρ、W_n 为：

$$I_\rho = \frac{\pi D^4}{32} \approx 0.1D^4$$

$$W_n = \frac{\pi D^3}{16} \approx 0.2D^3$$

对于如图 8-14b 所示的空心圆轴，则其 I_ρ、W_n 为：

$$I_\rho = \frac{\pi D^4}{32}（1-\alpha^4）\approx 0.1D^4（1-\alpha^4）$$

$$W_n = \frac{\pi D^3}{16}（1-\alpha^4）\approx 0.2D^3（1-\alpha^4）$$

式中，$\alpha = \dfrac{d}{D}$，即空心圆轴的内、外径之比。

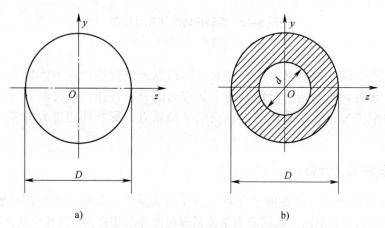

图 8-14　实心圆轴和空心圆轴

a）实心圆轴　b）空心圆轴

四、圆轴扭转时的强度条件及其应用

为了保证圆轴能安全、正常地工作，在外力偶作用下，圆轴扭转时的强度条件为圆轴内产生的最大工作切应力不允许超过材料的许用切应力，即：

$$\tau_{max} = \frac{T}{W_n} \leqslant [\tau]$$

由于最大切应力发生在轴上承受最大扭矩的横截面圆周上，因此实际扭转时的强度条件可写成下列形式：

$$\tau_{max} = \frac{T_{max}}{W_n} \leqslant [\tau]$$

在等截面圆轴上所求得的扭矩绝对值最大处就是切应力最大处，所以该处是圆轴扭转时的危险截面。

注意：对于台阶轴，由于各段轴上截面的 W_n 不同，最大切应力不一定发生在最大扭矩所在的截面上，因此，需综合考虑 W_n 和 T 两个量来确定。

材料扭转时的许用切应力 $[\tau]$ 可查阅有关手册或按下式来确定。

塑性材料：

$$[\tau] = (0.55 \sim 0.6)[\sigma]$$

脆性材料：

$$[\tau] = (0.8 \sim 1.0)[\sigma]$$

运用抗扭强度条件进行强度计算，也与拉伸、压缩一样，可解决构件抗扭强度校核、选择构件截面尺寸和确定许用载荷三方面的问题。

五、提高圆轴扭转强度的主要措施

轴是机器中常用的重要零件之一，车床、钻床、铣床、磨床以及涡轮机等的主轴都是钢制的圆轴，它们除了用来支承装在其上的旋转零件外，还用来传递转矩。因此，研究圆轴在转矩作用下的变形是很有实际意义的。

1. 合理安排受力情况，降低最大扭矩 T_{max}

为了保证圆轴扭转变形时能安全、可靠地工作，必须使危险截面（扭矩绝对值最大的截面）上的最大切应力 τ_{max} 不超过材料的许用切应力 $[\tau]$。如果不能满足强度条件，可以合理地调整轴上齿轮的位置，以减小危险截面上的最大切应力。如图 8-15 所示传动圆轴，可将 A 轮与 B 轮的位置对调，以降低最大扭矩，也可以增大轴径，以提高抗扭能力。

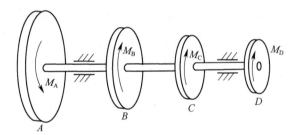

图 8-15　传动圆轴

2. 采用空心轴，提高轴的抗扭截面系数 W_n

在圆轴扭转时，应力呈三角形分布（见图 8-13），截面边缘应力最大，靠近轴线部分处的应力很小。当边缘的切应力达到 $[\tau]$ 时，靠近轴线部分的切应力还远未达到 $[\tau]$。为了充分利用材料，可将圆轴的中心部分省去，使它变成一根空心轴，这样，它的强度并未削弱多少，却大大减轻了自重，并节省了材料。从力学角度看，扭转时采用空心圆轴要比采用实心圆轴更经济、合理。在机械制造中已广泛采用空心圆轴，例如柴油机中采用空心曲轴，水轮机中采用空心主轴等。

任务实施

通过学习上述知识，我们可以完成本节任务。

1. 计算转矩

$$M_A = 9\,550 \times \frac{P_A}{n}$$

$$= \frac{9\ 550 \times 400}{300}\ \text{N} \cdot \text{m} \approx 12\ 733\ \text{N} \cdot \text{m}$$

$$M_B = M_C = 9\ 550 \times \frac{P_B}{n}$$

$$= \frac{9\ 550 \times 120}{300}\ \text{N} \cdot \text{m} = 3\ 820\ \text{N} \cdot \text{m}$$

$$M_D = 9\ 550 \times \frac{P_D}{n}$$

$$= \frac{9\ 550 \times 160}{300}\ \text{N} \cdot \text{m} \approx 5\ 093\ \text{N} \cdot \text{m}$$

2. 用截面法求扭矩

（1）BC 段

沿 1—1 截面将轴截开，取左段为研究对象，沿正向假设截面扭矩为 T_1，如图 8-16b 所示。列平衡方程可求得 1—1 截面扭矩 T_1：

$$\sum M_i = T_1 + M_B = 0$$

$$T_1 = -M_B = -3\ 820\ \text{N} \cdot \text{m}$$

（2）CA 段

截取研究对象如图 8-16c 所示，列平衡方程可求得 2—2 截面扭矩 T_2：

$$\sum M_i = T_2 + M_B + M_C = 0$$

$$T_2 = -(M_B + M_C) = -7\ 640\ \text{N} \cdot \text{m}$$

（3）AD 段

沿 3—3 截面将轴截开，取右段为研究对象，如图 8-16d 所示。列平衡方程可求得 3—3 截面扭矩 T_3：

$$\sum M_i = T_3 - M_D = 0$$

$$T_3 = M_D \approx 5\ 093\ \text{N} \cdot \text{m}$$

3. 作扭矩图

由于轴各段内的扭矩均相同，因此由上述结果可作出如图 8-16e 所示的扭矩图。由扭矩图可以看出，扭矩最大处在 CA 段，且 $T_{max} = T_2 = 7\ 640\ \text{N} \cdot \text{m}$。

4. 设计轴的直径

由强度条件可得：

$$\tau_{max} = \frac{T_{max}}{W_n} = \frac{T_{max}}{\frac{\pi D^3}{16}} \leq [\tau]$$

得到 $$D \geqslant \sqrt[3]{\frac{16 T_{max}}{\pi [\tau]}} = \sqrt[3]{\frac{16 \times 7\ 640}{\pi \times 30 \times 10^6}}\ \text{m} \approx 0.109\ \text{m} = 109\ \text{mm}$$

圆整后取 $D = 110\ \text{mm}$。

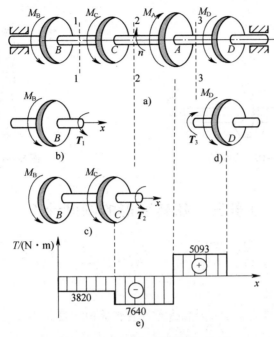

图 8-16 钢制实心圆轴扭矩分析

从图 8-16e 中发现存在这样一种情况：T_1 与 T_3 的数值远远小于 T_2，若按危险截面的内力将轴设计成等截面的，就会使 AD 段、BC 段轴的材料不能充分发挥作用。在工程实际中，为了节约材料、减轻自重，可将 AD 段、BC 段轴径减小，整个轴做成阶梯状，如图 8-17 所示。在计算时，使 AD 段、BC 段、CA 段轴的最大切应力都等于许用切应力 $[\tau]$，这样做成的轴称为等强度轴。

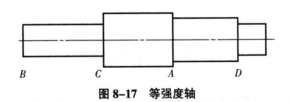

图 8-17 等强度轴

思考与练习

1. 如图 8-18 所示，转速 $n=1\,500$ r/min 的传动轴，主动轮的输入功率 $P_1=50$ kW，从动轮的输出功率 $P_2=30$ kW，$P_3=20$ kW。

（1）试求轴上各段的扭矩，并绘制扭矩图。

（2）从强度观点看，三个轮子如何布置比较合理？

2. 如图 8-19 所示，电风扇的转速 $n=600$ r/min，由功率 $P=0.8$ kW 的电动机带动，风扇轴的许用切应力 $[\tau]=40$ MPa，试按强度条件设计轴的直径 d。

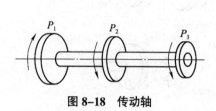

图8-18　传动轴

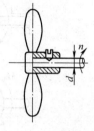

图8-19　电风扇轴

任务三　扭转变形的刚度计算

学习目标

1．理解扭转角的定义。

2．掌握应用圆轴扭转刚度条件对轴进行刚度计算的方法。

任务描述

图8-11中的钢制实心圆轴，已知转速 $n=300$ r/min，主动轮 A 的输入功率 $P_A=400$ kW，三个从动轮的输出功率分别为 $P_B=P_C=120$ kW，$P_D=160$ kW，轴的许用切应力 $[\tau]=30$ MPa，剪切弹性模量 $G=80$ GPa，许用扭转角 $[\theta]=0.3°$/m，试设计该轴的直径。

相关知识

一、扭转角

扭转变形的大小通常用两个横截面绕轴线的相对转角 ϕ（扭转角）来度量。若两横截面之间的扭矩大小 T 不变，轴为等直杆（I_ρ 不变），且材料不变（G 不变），则在长 L 的轴段内 $\dfrac{T}{GI_\rho}$ 为常量。实验结果指出：扭转角 ϕ 与扭矩 T 及杆长 L 成正比，而与材料的剪切弹性模量 G 及杆的截面极惯性矩 I_ρ 成反比，即：

$$\phi = \frac{TL}{GI_\rho}$$

注意：若在长 L 的轴段内，扭矩 T、截面极惯性矩 I_ρ、材料的剪切弹性模量 G 中有一个发生变化，则应分段进行计算。

上式中，GI_ρ 称为圆轴的抗扭刚度，它反映了材料和横截面的几何因素对扭转变形的抵抗能力。抗扭刚度 GI_ρ 取决于轴的材料和几何尺寸。材料的剪切弹性模量 G 越大、截面的极惯性矩 I_ρ 越大，则圆轴的抗扭刚度 GI_ρ 越大。当 T 和 L 一定时，GI_ρ 越大，则扭转角 ϕ 越小，扭转变形越小，说明圆轴的刚度越高。

二、圆轴扭转的刚度条件及其应用

圆轴扭转的刚度条件通常以轴单位长度的最大扭转角 θ_{max} 不得超过单位长度许用扭转角 $[\theta]$ 表示，即：

$$\theta_{max} \leqslant [\theta]$$

在工程计算中，通常是限制轴单位长度的扭转角 θ，由于 $\theta = \dfrac{\phi}{L} = \dfrac{T}{GI_\rho}$，因此得：

$$\theta_{max} = \frac{T_{max}}{GI_\rho} \leqslant [\theta]$$

式中，θ_{max} 和 $[\theta]$ 的单位是弧度 / 米（rad/m）。

在工程中，$[\theta]$ 的常用单位是度 / 米（°/m），故需将上式中 θ_{max} 的单位也换算成 °/m，得：

$$\theta_{max} = \frac{180 T_{max}}{GI_\rho \pi} \leqslant [\theta]$$

单位长度内的许用扭转角 $[\theta]$ 的数值，根据对机器的要求和工作条件等，并依据轴的精度要求确定，可由有关设计手册查得。对于传动精度要求高的轴，$[\theta] = (0.25 \sim 0.50)$ °/m；对于一般传动轴，$[\theta] = (0.5 \sim 1.0)$ °/m；对于传动精度要求不高的轴，$[\theta] = (1.0 \sim 2.5)$ °/m。

运用抗扭刚度条件进行刚度计算，可解决构件抗扭刚度校核、选择构件截面尺寸和确定许用载荷三方面的问题。

任务实施

通过学习上述知识，我们可以完成本节任务。

本题是上一节任务的延续。要想保证传动轴正常使用，除了满足强度条件外，还必须满足刚度条件，即对扭转变形加以限制。

1. 按强度条件确定轴的直径

根据上一节任务的计算结果，得到：

$$D \geqslant 109 \text{ mm}$$

2. 按刚度条件确定轴的直径

$$\theta_{max} = \frac{T_{max}}{GI_\rho} \times \frac{180}{\pi} = \frac{T_{max}}{\dfrac{G\pi D^4}{32}} \times \frac{180}{\pi} \leqslant [\theta]$$

得到：

$$D \geqslant \sqrt[4]{\frac{32T_{max} \times 180}{G\pi^2[\theta]}} = \sqrt[4]{\frac{32 \times 7\,640 \times 180}{80 \times 10^9 \times \pi^2 \times 0.3}}\ \text{m} \approx 0.117\ \text{m} = 117\ \text{mm}$$

可见，按强度条件设计要求 $D \geqslant 109$ mm，按刚度条件设计要求 $D \geqslant 117$ mm。为保证所设计的轴既满足强度条件，又满足刚度条件，应选用其中较大者，即应为：

$$D \geqslant 117\ \text{mm}$$

圆整后得 $D=120$ mm。

思考与练习

1. 有一实心圆轴，直径 $D=70$ mm，两端传递的转矩 $M_0=2$ kN·m。已知剪切弹性模量 $G=80$ GPa，许用切应力 $[\tau]=60$ MPa，许用单位长度扭转角 $[\theta]=1.2°/$m，试校核该轴的刚度。

2. 一实心圆轴两端所受的转矩 $M_0=7.64$ kN·m，材料的许用切应力 $[\tau]=30$ MPa，剪切弹性模量 $G=80$ GPa，许用单位长度扭转角 $[\theta]=0.3°/$m，试按强度条件和刚度条件设计轴的直径 D。

直梁弯曲

任务一 弯曲变形的外力和内力计算

学习目标

1. 掌握弯曲的概念及类型。
2. 掌握梁的概念及类型。
3. 掌握梁弯曲时外力和内力的计算方法。
4. 掌握弯矩图的画法。

任务描述

试分析如图 9-1a 所示的桥式起重机中梁 AB 的内力，并画出弯矩图。

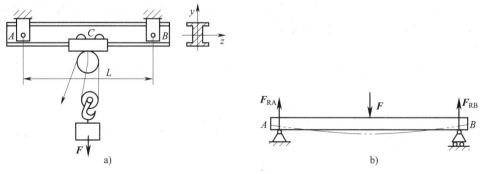

图 9-1 桥式起重机

相关知识

一、弯曲

如图 9-1b 所示为桥式起重机的简化力学模型。由受力分析得知，在载荷 F 及 A、B 两端受到的约束反力 F_{RA} 和 F_{RB} 作用下，梁 AB 的轴线将由直线变成曲线，这种变形称为弯曲变形。

1. 弯曲变形的受力及变形特点

在工程中，承受弯曲变形的杆件是非常普遍的，图 9-1 所示的桥式起重机的大梁、图 9-2 所示的火车轮轴、图 9-3 所示的车刀等，都是弯曲变形的实例。其共同的受力及变形特点：外力的作用线都与杆件的轴线相垂直，在外力作用下杆件的轴线由直线变为曲线。工程中通常把以发生弯曲变形为主的杆件称为梁。梁是机械设备和工程结构中的常见构件。

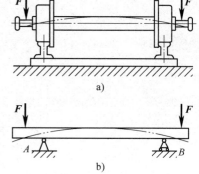

图 9-2　火车轮轴

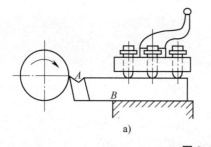

图 9-3　车刀

2. 梁的基本类型

在工程实际中，梁的结构形式和受力情况很多，为了便于研究，将各种形式的梁简化为以下三种基本类型：

（1）简支梁

一端为固定铰链支座，另一端为活动铰链支座的梁，称为简支梁。如图 9-1a 所示的桥式起重机大梁，其力学模型如图 9-1b 所示。

（2）外伸梁

一端或两端都伸出支座以外的梁称为外伸梁。如图 9-2a 所示的火车轮轴，其力学模型如图 9-2b 所示。

（3）悬臂梁

一端为固定端约束，另一端自由的梁，称为悬臂梁。如图 9-3a 所示的车刀，其力学模型如图 9-3b 所示。

3. 平面弯曲

工程实际中常见的直梁，其横截面大多有一根纵向对称轴，如图9-4所示。梁的无数个横截面的纵向对称轴构成了梁的纵向对称平面（见图9-5）。

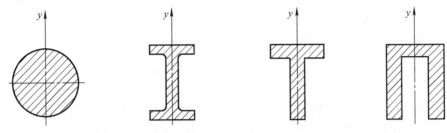

图 9-4　常见梁的横截面

若作用在梁上的所有外力（包括力偶）都位于梁的纵向对称平面内，梁的轴线将在其纵向对称平面内弯成一条平面曲线，梁的这种弯曲称为平面弯曲。

4. 纯弯曲

若作用在梁上的所有外力只是一对等值反向的力偶，则称为纯弯曲，如图9-6所示。这是弯曲问题中最简单的情形，也是工程实际中较常见的一种变形形式。

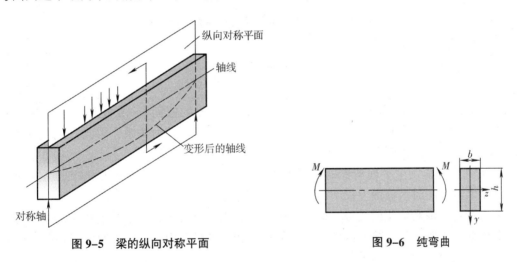

图 9-5　梁的纵向对称平面

图 9-6　纯弯曲

二、梁平面弯曲时的内力

1. 剪力和弯矩

为了研究梁的内力，先要确定梁上的外力。梁的外力包括载荷和约束反力（为研究问题方便，梁的自重一般不计，除特殊说明外）。作用在梁上的载荷常见的有三种，即集中力、集中力偶和均布载荷。当作用在梁上的全部外力都已知时，用截面法即可求出任一截面上的内力。

如图9-7a所示的简支梁在集中力 F_1、F_2 和支座反力 F_{RA}、F_{RB} 的作用下保持平衡，这四个力是作用在梁的纵向对称平面内的平面力系。F_{RA} 和 F_{RB} 两个约束反力可通过静力学平衡方程求得。

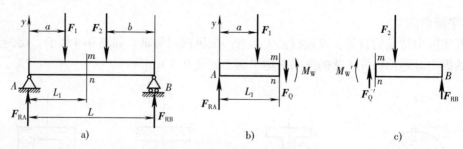

图 9-7　梁平面弯曲时的内力分析

假想沿 m—n 截面将梁切成两部分。若取梁的左段作为研究对象（见图 9-7b），设 $F_{RA} > F_1$，则左段的合外力有使左段梁向上移动的趋势，同时左段还将绕 m—n 截面的形心沿顺时针方向转动，显然这是不可能的，因为整个梁是平衡的，所以它的任何一段都应当是平衡的。为了保持左段梁的平衡，右段梁在 m—n 截面对左段梁作用一个向下的内力 F_Q 和一个作用于纵向对称平面内的沿逆时针方向的力偶矩 M_W。内力 F_Q 与横截面相切，故称为剪力，而内力偶矩 M_W 是由梁的弯曲引起的，故称为弯矩。

剪力 F_Q 和弯矩 M_W 的大小由左段的平衡条件求得：

$$\sum F_y = 0 \quad F_{RA} - F_Q - F_1 = 0$$

$$\sum M_0 = 0 \quad M_W + F_1 (L_1 - a) - F_{RA} L_1 = 0$$

解方程得：

$$F_Q = F_{RA} - F_1$$

$$M_W = F_{RA} L_1 - F_1 (L_1 - a)$$

如果取梁的右段为研究对象（见图 9-7c），在右段的截面 m—n 处必然也存在一个剪力 F_Q' 和一个内力偶矩 M_W'，与 F_Q 和 M_W 构成作用力和反作用力关系，因此，F_Q 与 F_Q' 以及 M_W 与 M_W' 必定大小相等、方向相反。

由此可见，梁发生平面弯曲时横截面上一般存在两种内力，即剪力和弯矩。同理可分析，梁发生纯弯曲时横截面上仅有一种内力，即弯矩。

剪力和弯矩都影响梁的强度，但如做进一步分析可以发现，对于跨度较大的梁，剪力对梁的影响远小于弯矩的影响。因此，当梁的长度相对于横截面尺寸较大时，可将剪力略去不计。本模块仅学习弯矩，对剪力不做要求。

2．弯矩正负号的确定

为了确定弯矩的方向，规定：当弯矩使梁凹面向上时，弯矩为正；反之，使梁凹面向下时，弯矩为负，如图 9-8 所示。

三、弯矩图

1．弯矩图的概念

为了能清楚地看出梁上各截面弯矩沿梁轴线的变化情况，可以用横坐标 x 表示截面的位置，纵坐标表示相应截面上的弯矩大小。这种反映梁各截面弯矩大小的图形称为弯矩图，如图 9-9 所示。

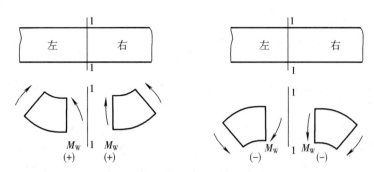

图 9-8 弯矩的正负号规定

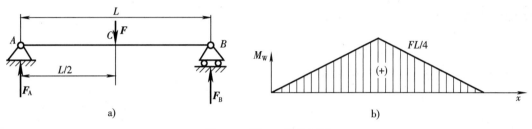

图 9-9 梁 AB 的弯矩图

2. 弯矩图的简便画法

由对图 9-7 所示梁平面弯曲时的内力分析得知，弯矩 $M_W=F_{RA}x$，即弯矩 M_W 的大小不仅与外力（包括约束反力）有关，而且与所求截面的位置 x 有关，则弯矩可表示为坐标 x 的函数，即：

$$M_W=M_W(x)$$

该式称为弯矩方程。

一般情况下，弯矩图是建立弯矩方程后再进行作图的，研究发现，弯矩和载荷之间存在规律性的联系，找出这些规律将有助于迅速、准确地作图。

（1）弯矩图与载荷的关系

弯矩与载荷之间存在着规律性的联系，如集中力作用下的梁，其弯矩图是斜直线，而均布载荷作用下的梁，其弯矩图是抛物线。这些规律可以帮助我们简便地作出弯矩图。现将集中力、集中力偶、均布载荷作用下的弯矩图的规律总结如下。

1）当梁上某段无均布载荷时，相应的弯矩 M_W 为 x 的一次函数，即弯矩图为斜直线。当弯矩为正时，弯矩图为上升斜直线；当弯矩为负时，弯矩图为下降斜直线。

2）当梁上某段均布载荷密度 q 为常数时，相应的弯矩 M_W 为 x 的二次函数，即弯矩图为二次抛物线。

①当均布载荷向上，即为正值时，弯矩图为凹口向上的曲线（凹弧）。

②当均布载荷向下，即为负值时，弯矩图为凹口向下的曲线（凸弧）。

3）在集中力作用处（包含支承处），弯矩图将因该处两侧斜率不等（F_Q 不等）而出现转折。

4）在集中力偶作用处，弯矩图因左、右弯矩 M_W 不连续将发生突变，突变值即等于集中力偶矩的大小。当集中力偶沿顺时针方向作用时，弯矩图向上跳跃；反之向下跳跃。

（2）用控制点法作弯矩图

根据以上分析，不必列出梁的弯矩方程即可简便地画出梁的弯矩图，其基本步骤可归纳如下：

1）确定控制点。梁的支承点、集中力与集中力偶作用点、均布载荷的起点和终点均为弯矩图的控制点。

2）计算控制点处的弯矩值，并判断其正负号。

3）判定各段曲线形状并连接曲线。依据弯矩图与载荷的关系，确定各相邻控制点间弯矩图的大致形状，并据此连接两相邻控制点处弯矩的值，画出梁的弯矩图。

任务实施

通过学习上述知识，我们可以完成本节任务。

将桥式起重机简化成如图 9-9a 所示。

1. 求 A、B 处的约束力

由 $\sum F_y = 0$ 得：

$$F_A + F_B - F = 0$$

由 $\sum M_A(F) = 0$ 得：

$$F_B L - FL/2 = 0$$

得到：

$$F_A = F_B = F/2$$

2. 计算各控制点截面处的弯矩

取 A、B、C 三点为控制点，计算结果如下：

梁	AB		
横截面	A+	C+、C-	B-
M_W	0	FL/4	0

注：A+ 表示 A 截面处正方向一侧，即 A 点的右侧；B- 表示 B 截面处负方向一侧，即 B 点的左侧；C+、C- 意义同上。

3. 绘制弯矩图

根据计算结果，结合弯矩与载荷的关系画出弯矩图，如图 9-9b 所示。

思考与练习

1. 在车工实训中，车床手柄 AB 用螺纹连接于转盘上（见图 9-10），其长度为 L，自由端受力 F 的作用，求手柄中点 D 的弯矩，并求手柄的最大弯矩。

2. 如图 9-2 所示的火车轮轴，已知左、右外伸端承受车厢的载荷 F，试作火车轮轴的弯矩图。

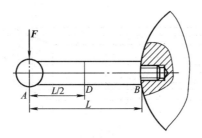

图 9-10　车床手柄

任务二　弯曲变形的应力计算

学习目标

1. 掌握直梁纯弯曲受力及变形的特点。
2. 掌握弯曲正应力的分布规律和计算公式。

任务描述

螺栓压板夹具如图 9-11 所示。已知压板的长度 $3l=180$ mm，设压板对工件的压紧力 $F_1=4$ kN，其截面尺寸如图所示，试求压板最大弯矩处截面的正应力。

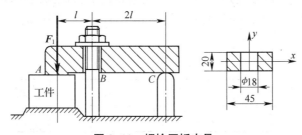

图 9-11　螺栓压板夹具

相关知识

一、直梁纯弯曲变形特点

根据常识，可以设想直梁由一系列刚性平截面（横截面）组成，如图 9-12a 所示。由于变形的连续性，直梁伸长和缩短的长度是逐渐变化的。从伸长区到缩短区，中间必有一层长度既不伸长也不缩短，这一层长度不变的纵向纤维称为中性层（见图 9-12b），中性层与横截面的交线称为中性轴，中性轴通过横截面形心。在两端外力偶作用下，梁弯曲时所有横截面均绕各自的中性轴回转，这种绕中性轴相对回转时所产生的变形与拉压变形性质相同。

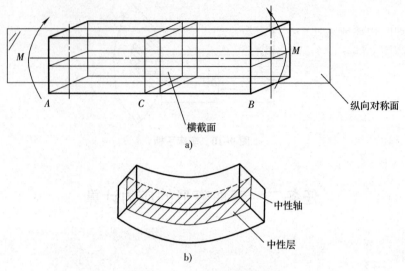

图 9-12　中性层和中性轴

根据以上变形现象，可以作出平面假设：梁的横截面在变形后仍为垂直于梁轴线的平面，且无相对错动；纵向纤维伸长或缩短。由此判断出纯弯曲梁横截面上只有正应力，没有切应力。

二、弯曲正应力

1. 弯曲正应力的分布规律

如图 9-13 所示为直梁纯弯曲变形现象，由图可以直观地看出：梁弯曲后，其凸边产生伸长变形，而凹边则产生压缩变形。显然，梁纯弯曲时，其凸边的材料受的是拉应力，而凹边的材料受的是压应力，而且两边最外边缘处的变形最大，即应力最大；中性层不发生变形，即应力等于零。

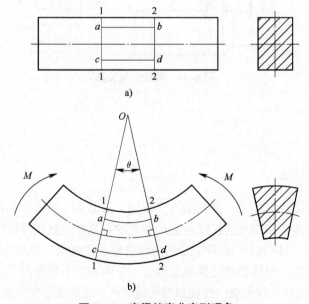

图 9-13　直梁纯弯曲变形现象

由此可见，梁弯曲变形时横截面上正应力的分布规律：横截面上各点正应力的大小与该点到中性轴的距离成正比，上、下边缘处正应力最大，中性轴处正应力为零。如图 9-14 所示为梁横截面上的正应力分布规律。

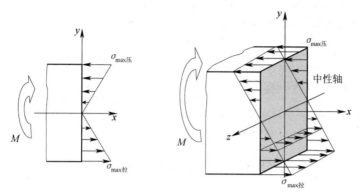

图 9-14 梁横截面上的正应力分布规律

2. 最大正应力计算公式

梁弯曲时横截面上最大正应力 σ_{max} 可用下面公式进行计算，即：

$$\sigma_{max} = \frac{M_{Wmax}}{W_z}$$

式中　M_{Wmax}——横截面上的最大弯矩，$N \cdot m$；

　　　W_z——抗弯截面系数，mm^3。

3. 常用截面的抗弯截面系数

工程中梁的常用截面图形的抗弯截面系数 W_z 的计算公式见表 9-1。

表 9-1　　　　　　　　　　常用截面图形的抗弯截面系数 W_z 的计算公式

截面图形	抗弯截面系数	截面图形	抗弯截面系数
 矩形截面	$W_z = \dfrac{bh^2}{6}$ $W_y = \dfrac{hb^2}{6}$	 圆形截面	$W_z = W_y = \dfrac{\pi d^3}{32} \approx 0.1 d^3$
 空心矩形截面	$W_z = \dfrac{bh^3 - b_1 h_1^3}{6h}$ $W_y = \dfrac{b^3 h - b_1^3 h_1}{6b}$	 空心圆形截面	$W_z = W_y = \dfrac{\pi D^3}{32}(1 - \alpha^4)$ $\approx 0.1 D^3 (1 - \alpha^4)$ 其中 $\alpha = \dfrac{d}{D}$

任务实施

通过学习上述知识，我们可以完成本节任务。

压板可以简化成如图 9-15a 所示的简支梁。

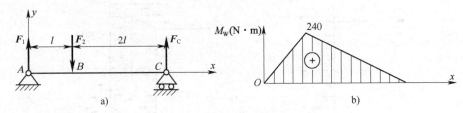

图 9-15　螺栓压板夹具弯矩分析

1. 求外力

列平衡方程可得：

$$\sum F_y=0 \quad F_1+F_C-F_2=0$$

$$\sum M_A（F）=0 \quad F_C\times 3l-F_2 l=0$$

代入数据求得 $F_2=6\ kN$，$F_C=2\ kN$。

2. 求内力并画弯矩图

取 A、B、C 三点为控制点，计算结果如下：

梁	横截面	M_W
AB	$A+$	0
	$B-$	$F_1 l$
BC	$B+$	$F_1 l$
	$C-$	0

连接 A、B、C 三点得到弯矩图，如图 9-15b 所示。

最大弯矩在截面 B 处，$M_{W\max}$ 为：

$$M_{W\max}=F_1 l=4\times 10^3\times 60\times 10^{-3}\ N\cdot m=240\ N\cdot m$$

3. 求压板截面 B 处的抗弯截面系数

$$W_z=（45\times 20^2/6）mm^3-（18\times 20^2/6）mm^3=1\ 800\ mm^3$$

4. 求压板最大弯矩处截面的正应力

$$\sigma_{\max}=M_{W\max}/W_z=240\times 10^3\ N\cdot mm/1\ 800\ mm^3\approx 133\ MPa$$

思考与练习

如图 9-16 所示的悬臂梁，已知长度 $L=100\ cm$，集中载荷 $F=10\ kN$，梁截面为工字形，其 $W_z=102\ cm^3$，试求出其最大弯矩和最大正应力。

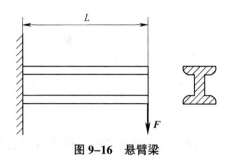

图 9-16 悬臂梁

任务三 梁弯曲的强度计算

学习目标

1. 掌握梁的抗弯强度条件及计算方法。
2. 了解提高梁承载能力的相关措施。

任务描述

如图 9-17a 所示为一变截面圆轴，AC 及 DB 段的直径 d_1=100 mm，CD 段的直径 d_2=120 mm，其上作用一已知力 P=20 kN。若轴材料的许用应力 $[\sigma]$=65 MPa，其他尺寸如图所示。此轴强度是否满足要求？

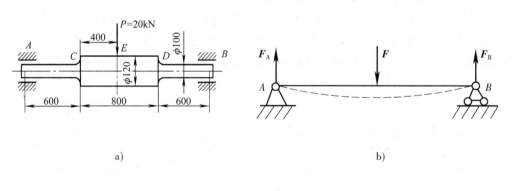

a)   b)

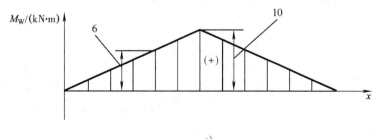

c)

图 9-17 变截面圆轴

相关知识

一、梁的抗弯强度

1．梁的抗弯强度条件

为了保证梁能正常工作，应建立抗弯强度条件，即横截面上最大工作正应力不超过材料的许用弯曲正应力，即：

$$\sigma_{\max} = \frac{M_{W\max}}{W_z} \leqslant [\sigma]$$

式中　　$M_{W\max}$——横截面上的最大弯矩，N·m；

　　　　W_z——抗弯截面系数，mm^3。

$[\sigma]$可用拉伸、压缩时的许用应力代替。当梁的材料为脆性材料时，由于材料的抗拉强度与抗压强度差别很大，因此要分别计算拉应力和压应力，并使它们都小于各自的许用应力。

2．抗弯强度计算

利用抗弯强度条件可以解决强度校核、选择截面尺寸和确定许用载荷三方面的问题。

二、提高梁承载能力的措施

提高梁的承载能力可以从两个方面考虑：一是在横截面面积相同的情况下，如何使梁能承受更大的载荷；二是在承受同样载荷的情况下，能减小横截面的面积，节省材料。主要措施有以下几点。

1．合理安排梁的受力，降低最大弯矩值 $M_{W\max}$

梁的最大弯矩值不仅取决于载荷的大小，还取决于载荷在梁上的分布和支座的位置等。所以，合理安排载荷的分布和支座的位置，可显著减小梁上的最大弯矩。在条件许可的情况下，可以通过使载荷靠近支座（见图9-18b）或载荷分散（见图9-18c）的方法来提高梁的承载能力。

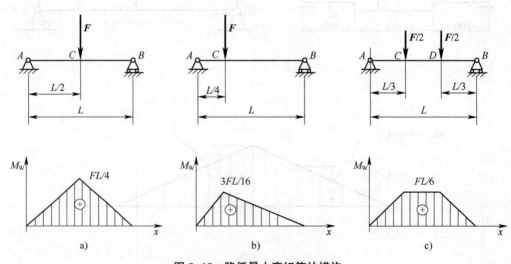

图9-18　降低最大弯矩值的措施

a）载荷集中　b）载荷靠近支座　c）载荷分散

例如，在铣床上安装铣刀时，在确保工件能被铣削到的前提下，铣刀应尽量靠近床身，否则由于铣刀杆较细长，若铣刀距床身太远，会使铣刀杆产生弯曲变形。如图 9–19 所示为铣刀的两种不同安装位置，经分析得出，两个安装位置的铣刀杆的最大弯矩有较大的差别。

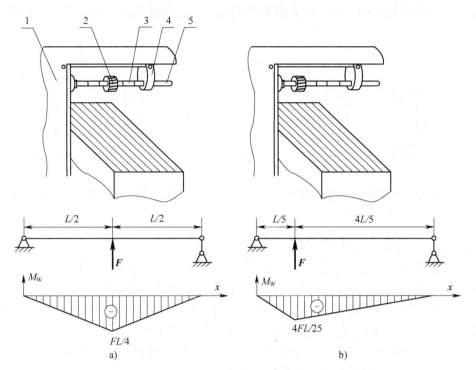

图 9–19　铣刀的安装位置

1—铣床床身　2—铣刀　3—定位套筒　4—挂架　5—铣刀杆

2. 选择合理的截面形状，提高抗弯截面系数 W_z

对于材料相同而截面形状不同的梁，如圆形、矩形和工字形三种截面形状，即使它们的横截面面积相同（材料用量相同），但由于截面形状不同，它们的抗弯截面系数 W_z 也相差很多。工字梁截面的 W_z 最大，矩形次之，圆形最小。三种截面形状 W_z 的比较见表 9–2。在保持横截面面积不增大的条件下，可以通过选择适当的截面形状而得到较大的 W_z，从而提高梁的承载能力。

表 9–2　　　　　　　　　　三种截面形状 W_z 的比较

截面形状	$D=8.8$	$h=12.21$ $b=5$	28b
面积 A/mm^2	60.79	61.05	61.05
抗弯截面系数 W_z/mm^3	67	124	534.3

注：28b 表示腰高为 280 mm、腿宽为 124 mm、腰厚为 10.5 mm 的工字钢。

工程中金属梁的成型截面除了工字形以外，还有槽形（见图 9-20a）、箱形（见图 9-20b）等，也可将钢板用焊接或铆接的方法拼接成上述形状的截面。对于铸铁等抗压强度高于抗拉强度的脆性材料，则最好采用 T 字形这种上、下不对称的截面，如图 9-21 所示，使中性轴偏于许用应力较小的一侧，可有效地使最大拉应力和最大压应力同时接近材料的许用应力。

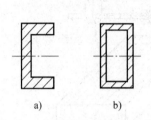

图 9-20　金属梁的成型截面形状

a）槽形　b）箱形

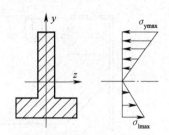

图 9-21　T 字形截面

3．采用等强度梁，提高材料利用率

设计梁的截面时，通常是按危险截面的最大弯矩值 M_{Wmax} 将梁设计成等截面梁，这样一来，梁的其他各个截面，由于弯矩值较小，截面上、下边缘处的应力未达到许用应力，材料没有得到充分利用。因而从整体来讲，等截面梁并不能合理地利用材料，故工程中有时为了经济性，可按照弯矩的减小相应地减小截面尺寸，将梁设计成变截面的，使梁上各个截面的最大工作应力大致相等，这样的梁称为等强度梁。如图 9-22 所示的汽车板簧、台阶轴和摇臂钻床的横梁等均可以近似地认为是等强度梁。

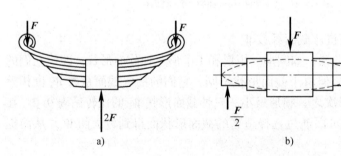

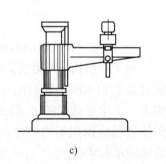

图 9-22　等强度梁

a）汽车板簧　b）台阶轴　c）摇臂钻床

任务实施

通过学习上述知识，我们可以完成本节任务。

1．外力分析

轴 AB 的受力图如图 9-17b 所示。

$$F_A=F_B=F/2$$

2．内力分析

取 A、C、E、D、B 五点为控制点，计算结果如下：

梁	AB				
横截面	$A+$	$C+$、$C-$	$E+$、$E-$	$D+$、$D-$	$B-$
M_w	0	6 kN·m	10 kN·m	6 kN·m	0

作轴的弯矩图，如图 9–17c 所示。

3．确定危险截面的位置

从弯矩图可知，作用在 E 截面处有最大弯矩 M_{Wmax}=10 kN·m，而在 C（D）截面虽不是最大弯矩，但由于直径较小，也可能为危险截面，M_{WC}=M_{WD}=6 kN·m。

4．根据强度条件进行校核

在 E 截面，d_2=120 mm，求得：

$$W_z = \frac{\pi d_2^3}{32} = \frac{\pi (120)^3}{32} \text{ mm}^3 \approx 1.696 \times 10^5 \text{ mm}^3$$

$$\sigma_{Emax} = \frac{M_{Wmax}}{W_z} \approx 10 \times 10^6 \text{ MPa}/1.696 \times 10^5 \approx 58.96 \text{ MPa}$$

在 C（D）截面，d_1=100 mm，求得：

$$W_z = \frac{\pi d_1^3}{32} = \frac{\pi (100)^3}{32} \text{ mm}^3 \approx 9.81 \times 10^4 \text{ mm}^3$$

$$\sigma_{Cmax} = \frac{M_{WC}}{W_z} \approx \frac{6 \times 10^6}{9.81 \times 10^4} \text{ MPa} \approx 61.2 \text{ MPa}$$

结论：最危险点在 C（D）截面的上、下边缘处。因为 σ_{max}=61.2 MPa≤［σ］，所以此轴是安全的。

思考与练习

1．在工程中，通常把钢梁制成工字形，而把铸铁或混凝土梁制成 T 字形，其原因是什么？试进行简单阐述。

2．在进行机床维修时，常用扳手旋紧螺母，若扳手的受力情况如图 9–23 所示，已知 l=130 mm，l_1=100 mm，b=6 mm，h=18 mm，F=300 N，扳手材料的许用应力［σ］=120 MPa，试校核扳手手柄部分的强度。

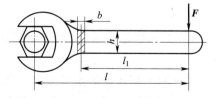

图 9–23 扳手旋螺母

组合变形

任务一　拉（压）弯组合变形

学习目标

1. 了解组合变形的概念及类型。
2. 掌握拉（压）弯组合变形的类型及特点。
3. 掌握拉（压）弯组合变形的强度条件及计算方法。

任务描述

　　如图 10-1 所示的悬臂起重机是由矩形截面横梁 *AB* 和拉杆 *BC* 组成的。已知横梁 *AB* 的截面宽 b=40 mm，高 h=60 mm，*AB* 的长度为 1 m，其中点处受到一载荷 G=10 kN 的作用。拉杆和横梁的自重均不计，材料的许用应力 $[\sigma]$=120 MPa。试校核横梁 *AB* 的强度。

相关知识

一、组合变形的概念及类型

　　在工程实际中，有许多构件在外力的作用下，同时会产生两种或两种以上的基本变形，这类构件的变形称为组合变形。

　　常见的组合变形有拉伸（或压缩）与弯曲的组合变形、弯曲与扭转的组合变形等。如图 10-2a 所示为台式钻床，在力 *F* 作用下，其立柱部分将同时产生拉伸和弯曲的组合变

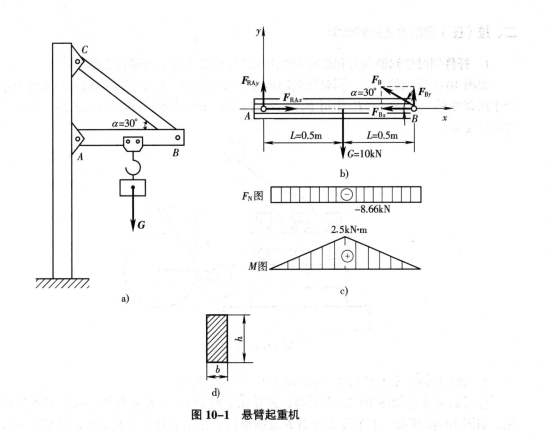

图 10-1 悬臂起重机

形，是拉弯组合变形；如图 10-2b 所示的传动轴 AB，承受转矩 M_0 引起的扭转变形和由力 F_1、F_2 引起的弯曲变形，在 F_1、F_2 和 M_0 共同作用下，将同时产生弯曲和扭转的组合变形，即弯扭组合变形。

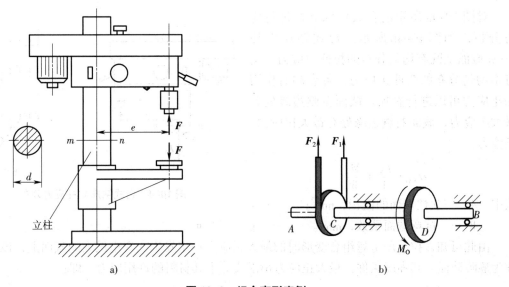

图 10-2 组合变形实例

a）台式钻床 b）传动轴

二、拉（压）弯组合变形的类型

1. 杆件同时受到轴向力和横向力作用时产生的拉（压）弯组合变形

如图 10-3 所示的车刀，同时受到轴向力（水平分力）F_x 和刀架的轴向约束反力作用而产生压缩变形，在横向力 F_y 作用下产生弯曲变形，即在轴向力和横向力共同作用下产生压弯组合变形。

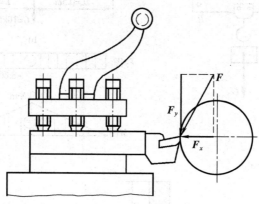

图 10-3　车刀受力

2. 偏心拉伸（或压缩）时产生的拉（压）弯组合变形

应用截面法将如图 10-2a 所示的台式钻床立柱沿 m—n 截面截开，取上半段为研究对象，如图 10-4a 所示。上半段在外力 F 及截面内力作用下处于平衡状态，故截面上有轴向内力 F_N 和弯矩 M_W。根据平衡方程可得：$F_N=F$，$M_W=Fe$。因此，在外力作用下台式钻床立柱将发生拉伸与弯曲的组合变形，即在偏心力 F 作用下产生拉弯组合变形。

三、拉（压）弯组合变形的强度条件

对图 10-4a 所示的台式钻床立柱进行应力分析，如图 10-4b 所示，台式钻床立柱 m—n 截面上既有均匀分布的拉伸正应力，又有不均匀分布的弯曲正应力，各点同时作用的正应力可以进行叠加。截面左侧边缘处有最大压应力，截面右侧边缘处有最大拉应力，其值为：

$$\sigma_{max} = \frac{F_N}{A} + \frac{M_W}{W_z}$$

图 10-4　台式钻床立柱应力分布

式中　A——立柱截面的面积，mm^2；

　　　W_z——抗弯截面系数，mm^3。

由此可知，拉（压）弯组合变形时的最大正应力一定发生在弯矩最大的截面上，该截面称为危险截面。其强度条件：最大正应力小于或等于其材料的许用应力，即：

$$\sigma_{max} = \frac{F_N}{A} + \frac{M_{Wmax}}{W_z} \leqslant [\sigma]$$

四、拉（压）弯组合变形强度计算的基本方法

1. 将载荷分解或简化，使分解（或简化）后的载荷只引起一种基本变形。

2. 对于每种基本变形形式，分别求出其内力，并确定杆件可能的危险截面。

3. 分别计算每一种基本变形形式在可能的危险截面上产生的应力（最好画出截面上的应力分布规律图），再将它们进行叠加。

4. 确定危险截面处的应力状态，进行强度计算。

任务实施

通过学习上述知识，我们可以完成本节任务。

选取悬臂起重机的横梁 AB 为研究对象，对其进行受力分析可知：在 A 端受到固定铰链支座的约束反力作用，在 B 端受到中间铰链 B 的约束反力作用，同时在梁的中间受到重力 G 的作用。A、B 两处的水平约束反力将使梁发生压缩变形，而 A、B 处受到的垂直分力及重力 G 三个力的作用，又将使横梁 AB 发生弯曲变形，即发生压缩和弯曲组合变形。

1. 求约束力

取横梁 AB 为研究对象，画受力图，如图 10-1b 所示。

建立图示直角坐标系，列平衡方程可得：

$$\sum F_x = 0 \quad F_{RAx} - F_B\cos30° = 0$$

$$\sum M_A(F) = 0 \quad F_B\sin30° \times 2L - GL = 0$$

$$\sum M_B(F) = 0 \quad GL - F_{RAy} \times 2L = 0$$

解得：

$$F_B = 10 \text{ kN}$$

$$F_{RAx} \approx 8.66 \text{ kN}$$

$$F_{RAy} = 5 \text{ kN}$$

2. 求横梁 AB 的内力，画内力图

横梁 AB 的内力图如图 10-1c 所示。

横梁 AB 发生压弯组合变形，由截面法可知其内力分别为：

$$F_N = F_{RAx} \approx 8.66 \text{ kN}$$

$$M_W = F_{RAy}L = 5 \times 0.5 \text{ kN} \cdot \text{m} = 2.5 \text{ kN} \cdot \text{m}$$

3. 计算危险点应力

横梁 AB 在 $L = 0.5$ m 处弯矩最大，该处是危险截面，M_W 为正，梁上缘受压，下缘受拉；截面各处在轴力作用下还受到压缩。叠加后梁上缘的压应力值最大，且有：

$$|\sigma_{max}| = \frac{F_N}{A} + \frac{M_W}{W_z}$$

$$W_z = \frac{bh^2}{6}$$

$$|\sigma_{\max}| = \frac{F_N}{A} + \frac{M_W}{W_z}$$

$$\approx \frac{8.66 \times 10^3}{40 \times 60} \text{ MPa} + \frac{6 \times 2.5 \times 10^6}{40 \times 60^2} \text{ MPa}$$

$$\approx 107.8 \text{ MPa} < [\sigma] = 120 \text{ MPa}$$

可见，横梁 AB 的强度足够。

思考与练习

1. 找一找工程实际中拉（压）弯组合变形的实例，并进行简单阐述。

2. 一机床夹具如图 10-5 所示，已知 $F=2$ kN，偏心距 $e=60$ mm，夹具立柱为矩形截面，$b=10$ mm，$h=22$ mm，材料为 Q235 钢，许用应力 $[\sigma]=160$ MPa，试校核该夹具立柱的强度。

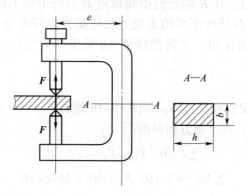

图 10-5 机床夹具

任务二 弯扭组合变形

学习目标

1. 掌握弯扭组合变形的概念及特点。

2. 了解强度理论的相关知识。

3. 掌握弯扭组合变形的强度条件。

任务描述

如图 10-6a 所示的传动轴 AB，在轴右端的联轴器上作用转矩 M 驱动轴转动。已知带轮直径 $D=0.5$ m，传动带的拉力 $F_T=8$ kN，$F_t=4$ kN，轴的直径 $d=90$ mm，间距 $a=500$ mm，若轴的许用应力 $[\sigma]=50$ MPa，试按相关强度理论公式校核轴的强度。

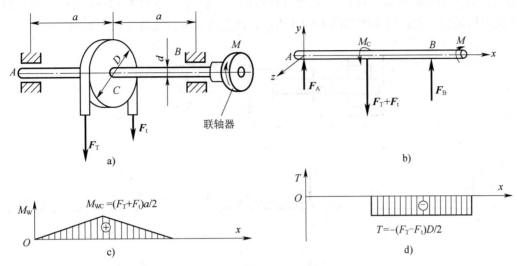

图 10-6 轴的弯扭组合变形

相关知识

一、弯扭组合变形的概念及特点

工程机械中的轴类零件极少发生纯扭转变形，大多数发生弯扭组合变形。当弯曲变形较小时，可近似地按扭转变形来处理；当弯曲变形不能忽略时，就需按弯扭组合变形来进行计算。

如图 10-7a 所示的传动轴 AB，产生的就是弯曲与扭转的组合变形。本任务讨论这类圆轴的弯扭组合变形。

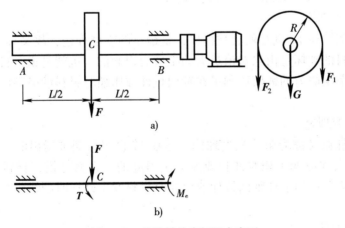

图 10-7 传动轴的弯扭组合变形

如图 10-8a 所示的镗刀杆，切削刃上受切削力 F 作用，刀杆可简化为一端固定、一端自由的悬臂梁。将切削刃上所受切削力 F 向刀杆轴线平移，得横向力 F 以及力偶矩 $M=FD/2$

的力偶，如图 10-8b 所示。横向力 F 使刀杆弯曲，刀杆弯矩图如图 10-8c 所示，而力偶矩 M 则使刀杆扭转，刀杆扭矩图如图 10-8d 所示，这是弯扭组合变形的又一实例。

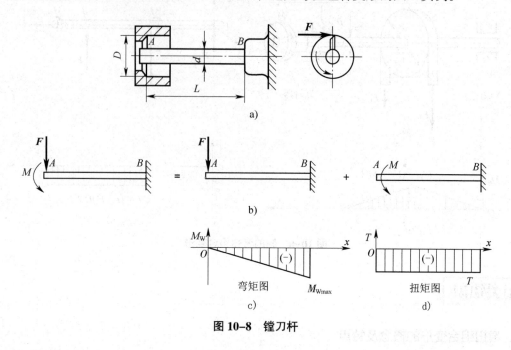

图 10-8　镗刀杆

二、强度理论

在工程实际中，一般构件上的危险截面都处在复杂应力状态下，人们从长期的工程实践中，从不同应力状态组合下材料破坏的实验研究和使用经验中，分析并总结出了若干关于材料破坏或屈服规律的假说。这类研究复杂应力状态下材料破坏或屈服规律的假说称为强度理论。强度理论分为材料破坏理论和材料屈服理论。

1. 最大正应力理论

最大正应力理论在 17 世纪就已被提出，是最早的强度理论，故又称为第一强度理论。这个理论假设材料的破坏是由绝对值最大的正应力引起的。也就是说，材料在各种应力状态下，只要有一个主应力的数值达到了在轴向拉伸或压缩时材料的极限应力，材料就会发生断裂。

2. 最大线应变理论

最大线应变理论又称为第二强度理论，是在 17 世纪后期被提出的。这个理论假设材料的破坏是由最大线应变（相对伸长或缩短）引起的。也就是说，材料在各种应力状态下，只要最大线应变达到了在轴向拉伸或压缩时材料发生破坏时的线应变，材料就会发生断裂。

3. 最大切应力理论

最大切应力理论又称为第三强度理论，是在 18 世纪后期生产中开始使用钢材等塑性材料之后才出现的。这个理论假设材料的破坏是由最大切应力引起的。也就是说，材料在各种应力状态下，只要最大切应力达到了在轴向拉伸中材料发生破坏时的最大切应力，材料就会发生屈服破坏。

4．形状改变比能理论

形状改变比能理论又称为第四强度理论，是在 20 世纪初被提出的。这个理论假设材料的破坏是由形状改变比能（构件在变形过程中，假设外力所做的功全部转化为构件的弹性变形能，单位体积内由形状改变而积蓄的变形能称为形状改变比能）过大引起的。也就是说，材料在各种应力状态下，只要形状改变比能达到了在轴向拉伸中材料发生破坏时的极限形状改变比能，材料就会发生屈服破坏。

材料发生强度失效的主要形式是破坏（脆性材料断裂）或屈服（塑性材料开始出现大的变形）。因此，第一、第二强度理论称为材料破坏理论，第三、第四强度理论称为材料屈服理论。

三、弯扭组合变形的强度条件

在弯扭组合变形中，由于危险截面上同时存在弯矩和扭矩，因此，该截面上各点相应有弯曲正应力和扭转切应力，这种情况属于二向应力状态，正应力与切应力不能简单地进行叠加。一般应用第三、第四强度理论建立的强度准则进行强度计算。通过推导，可得到以下圆轴弯扭组合变形时的强度条件。

按照第三强度理论：

$$\sigma_{xd3} = \frac{\sqrt{M^2_{Wmax} + T^2}}{W_z} \leqslant [\sigma]$$

按照第四强度理论：

$$\sigma_{xd4} = \frac{\sqrt{M^2_{Wmax} + 0.75T^2}}{W_z} \leqslant [\sigma]$$

式中，M_{Wmax} 和 T 是危险截面上的最大弯矩和扭矩，W_z 为圆轴的抗弯截面系数。

任务实施

通过学习上述知识，我们可以完成本节任务。

选取如图 10-6a 所示的传动轴 AB 为研究对象，在其 C 点处装有一带轮，带轮上带的拉力 $F_T + F_t$ 竖直向下。将带的拉力 $F_T + F_t$ 平移到传动轴 AB 的轴线上，画出轴 AB 的简图，如图 10-6b 所示。力 $F_T + F_t$ 与 A、B 处的支座反力 F_A、F_B 使轴产生平面弯曲变形；附加力偶矩 M_C 与联轴器上的转矩 M 使轴产生扭转变形。因此，轴 AB 发生弯扭组合变形。

1．外力计算

作用于轴上的载荷有 C 点竖直向下的力 $F_T + F_t$ 和作用面垂直于轴线的附加力偶矩 M_C，其值分别为：

$$F_T + F_t = 8\ kN + 4\ kN = 12\ kN$$

$$M_C = (F_T - F_t) D/2 = (8 - 4)\ kN \times 0.5\ m/2 = 1\ kN \cdot m$$

2．内力分析

作轴 AB 的弯矩图和扭矩图，如图 10-6c、d 所示。由图可知，轴的 C 截面为危险截面，

该截面上弯矩 M_{WC} 和扭矩 T 分别为：

$$M_{WC}=(F_T+F_t)\,a/2=(8+4)\text{ kN}\times0.5\text{ m}/2=3\text{ kN}\cdot\text{m}$$

$$T=-M_C=-1\text{ kN}\cdot\text{m}$$

3. 校核强度

由以上分析可知，依据第三强度理论的强度条件计算各截面的相当应力（在促使材料破坏或失效方面，与复杂应力状态应力等效的单向应力称为相当应力），全轴的最大相当应力在弯矩最大的 C 截面上。C 截面上、下边缘的点是轴的危险点，其最大相当应力为：

$$\sigma_{xd3}=\frac{\sqrt{M^2_{Wmax}+T^2}}{W_z}$$

$$=\frac{\sqrt{(3\times10^3)^2+(-1\times10^3)^2}}{0.1\times(90\times10^{-3})^3}$$

$$\approx43.4\times10^6\text{ Pa}=43.4\text{ MPa}<[\sigma]=50\text{ MPa}$$

所以轴的强度满足要求。

思考与练习

1. 找一找工程实际中的弯扭组合变形实例，试作简单阐述。

2. 如图 10-9 所示，在铣削加工中，用圆片铣刀进行工件的切断，已知圆片铣刀的切削力 F_t=2 kN，径向力 F_r=0.8 kN，铣刀刀轴的 $[\sigma]$=100 MPa，其他已知条件如图 10-9 所示，试按第三强度理论设计铣刀刀轴的直径 d。

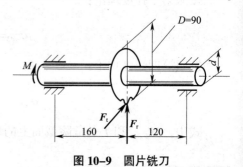

图 10-9　圆片铣刀